世界经典名犬鉴赏

杜海龙◎主编
张延忠 袁小兵 李晋飞◎审定

海峡出版发行集团 | 福建科学技术出版社
THE STRAITS PUBLISHING & DISTRIBUTING GROUP | FUJIAN SCIENCE & TECHNOLOGY PUBLISHING HOUSE

图书在版编目（CIP）数据

世界经典名犬鉴赏 / 杜海龙主编．—福州：福建科学技术出版社，2016.5（2019.4 重印）
ISBN 978-7-5335-4953-4

Ⅰ．①世… Ⅱ．①杜… Ⅲ．①犬－品种－世界 Ⅳ．① S829.2

中国版本图书馆 CIP 数据核字（2016）第 038202 号

书　　名　世界经典名犬鉴赏
主　　编　杜海龙
参　　编　张延忠　袁小兵　李晋飞　熊德超　杜伟军
　　　　　梁　意　姜桂娥　黄　杰　游　廷　钟维平
　　　　　余来森　李远奎　祁生奎　陈志轩　韩　雪
出版发行　海峡出版发行集团
　　　　　福建科学技术出版社
社　　址　福州市东水路 76 号（邮编 350001）
网　　址　www.fjstp.com
经　　销　福建新华发行（集团）有限责任公司
印　　刷　天津画中画印刷有限公司
开　　本　700 毫米 ×1000 毫米　1/16
印　　张　20
图　　文　320 码
版　　次　2016 年 5 月第 1 版
印　　次　2019 年 4 月第 7 次印刷
书　　号　ISBN 978-7-5335-4953-4
定　　价　68.00 元

前言

FOREWORD

一提到狗，首先想到的是“人类最忠实的朋友”。还记得电影《忠犬八公的故事》里面，那只秋田犬在火车站等待主人归来的画面吗？即便主人永远也不可能再回来了，但它依然相信主人会回来，风雨无阻，终日等待。多么感人的画面！这就是狗对主人最朴实的忠诚之情。

狗是人类最早驯化的动物，它和人类有着几万年的相处情感。反映人狗情感的故事不胜枚举，相比较人与人之间的复杂情感，狗与人的感情非常单纯，这也令很多人对狗有一种特殊的偏爱。今天，养狗的人越来越多，而能够追寻的品种也非常广泛。据了解，世界上有记录的犬种 1400 余种，其中定类的有 500 多种，现存的狗有 450 种左右。本书通过层层筛选，最终遴选出 99 种最受爱狗人士欢迎的优秀犬种，呈献给广大读者。

犬的分类方法有很多，各个国家或协会的标准也不尽相同，界限相当模糊。譬如说，AKC（美国养犬俱乐部）把金毛犬定义为大型犬，成年金毛犬的肩高要求在 51~61 厘米。但我们一般定义的大型犬要求肩高在 60 厘米以上。显然，这两个标准是有矛盾的。基于此，本书在分类上考虑再三，最终以影响力更大的 AKC 标准作为本书分类的标准，希望读者能够喜欢。

本书配有大量精美的狗狗图片，对每个犬种的主要特点和鉴别特征进行了详细的描述和说明。为了帮助读者更好地了解这些著名犬种，本书对入选犬种进行了必要的指标分析，希望能给爱狗的读者提供必要的帮助，同时也希望这种直观的表达让您有一个更轻松的阅读感受。

鉴于书无完书，本书也难免挂一漏万，诚恳地希望能得到您的意见和建议，感谢您对本书的支持！

编者

目录 CONTENTS

狩猎犬：犬中的职业杀手

枪猎犬：捕捉猎物的贵族

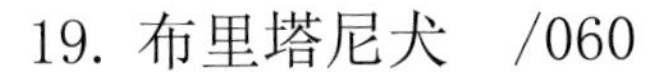

工作犬：主人的得力助手

牧羊犬：天生的放牧专家

家庭犬：犬中的各路骑兵

玩赏犬：生活中的小伴侣

㹴类犬：精力充沛的精灵

最受欢迎的 10 种犬

1. 迷你贵宾犬
2. 金毛寻回犬
3. 拉布拉多猎犬
4. 萨摩耶犬
5. 西伯利亚雪橇犬
6. 迷你雪纳瑞
7. 卷毛比熊犬
8. 博美犬
9. 边境牧羊犬
10. 苏格兰牧羊犬

智商最高的 10 种犬

1. 边境牧羊犬
2. 贵宾犬
3. 德国牧羊犬
4. 金毛寻回犬
5. 杜宾犬
6. 喜乐蒂牧羊犬
7. 拉布拉多猎犬
8. 蝴蝶犬
9. 罗威纳犬
10. 澳洲牧牛犬

本书阅读指南

为了让读者能够更轻松地阅读本书，我们在体例上采用了较为统一的、直观化的风格，尽可能让读者在轻松的阅读氛围中去了解每一种狗的详细情况。在每一种狗的基本情况介绍当中，我们都给出了详细的身高、体重、寿命等数据。这些数据主要来源于 AKC（美国养犬俱乐部）。当然，这些数据只作为该俱乐部举行犬展或比赛时的参考标准，对读者来说，也仅仅是一种参考。

在介绍狗狗的属性特征时，我们采用排列“脚印”（ ）的直观方式，让读者一目了然地了解它们身上的每一种特征。脚印越多属性值越大，脚印越少属性值也就越小。希望这种方式读者能够喜欢。

狩猎犬：犬中的职业杀手

狩猎犬，顾名思义，就是帮助人类狩猎的犬种。人类在进化过程中，一直都存在着狩猎的活动，而狗是协助人类完成狩猎工作的重要助手，所以很多狩猎犬都是非常古老的犬种。狩猎犬可以用敏锐的嗅觉追踪猎物，甚至可以追捕猎物，然后将它们杀死。所以，很多的狩猎犬都具有勇猛的攻击性，因为它们最初的任务就是帮助人类捕杀狼、熊、鹿等大型动物。通常，它们的体型都比较大，运动天赋也很强。例如俄罗斯猎狼犬、阿富汗猎犬都属于奔跑速度快、杀伤力强的犬种。当然，像腊肠犬、比格犬这样的小型狩猎犬，它们的目标虽然不是大型动物，但是对于兔子、貂这样的小型动物，它们可是真正的“职业杀手”！

01. 阿富汗猎犬

Afghan Hound

别名：俾路支猎犬 / 喀布尔犬
肩高：64~74 厘米
原籍：阿富汗
分类：狩望猎犬 / 伴侣犬 / 古老犬
体型：大型
体重：23~27 千克
寿命：12~15 年
参考价格：5000~10000 元

性格特点：阿富汗猎犬气质高贵，聪明，性格温和，独立性和适应环境的能力强，偶尔会有些神经质，需要更多的训练和适当的运动，使其保持最佳的身心状态。

阿富汗犬被毛浓密，必须每天精心梳理

犬种历史

阿富汗猎犬是世界上最古老的犬种之一，此犬原产于阿富汗及周边地区。最初一直被用来狩猎羚羊、雪豹等大型动物。19世纪末，阿富汗猎犬首次登陆英国，成为英国皇室猎犬，经常出入贵族场所。1926年，此犬种传入美国后，美国育种者经过半个世纪的改良，使阿富汗猎犬更具完美威武的外观。自此，阿富汗猎犬因其美丽的姿容、较强的忍耐力、惊人的敏捷性及强壮的体魄，很快风靡全世界。

被毛特征

阿富汗猎犬拥有一身浓密、丝状的毛发，质地非常细腻。耳朵、足爪都有纤细的羽状饰毛。饰毛略短且紧密，这是阿富汗猎犬的传统特征。在头顶上有长而呈丝状的“头发”，这也是阿富汗猎犬的显著特点。

步态特点

阿富汗猎犬的飞奔速度惊人，在有力而平顺的步伐中，显示出极大的弹性和弹力。如果不加约束，阿富汗猎犬奔跑的速度极快。向前奔跑时，后面的足爪直接落在前足爪的足迹上，前后足迹都是笔直向前的。跑动时，头部和尾巴都高高昂起。

阿富汗猎犬气质高贵超然，孤傲而威严

运动需求量
可训练度
初养适应度
兴奋程度
吠叫程度
掉毛程度
关爱需求度
陌生人友善度
动物友善度
城市适应度
耐寒程度
耐热程度

体态特征

适养人群

阿富汗猎犬虽然体型高大，但能适应公寓生活，饲养者必须给予大量的运动空间和运动机会。此外，阿富汗猎犬被毛丰富，浓密，需要每天花费大量时间梳理，还要定期美容。要求饲养者有一定经济能力和充足时间。

02. 爱尔兰猎狼犬

Irish Wolfhound

别名： 无	**体型：** 超大型
肩高： 70~90 厘米	**体重：** 40~55 千克
原籍： 爱尔兰	**寿命：** 6~8 年
分类： 狩望猎犬 / 护卫犬	**参考价格：** 10000 元以上

性格特点：爱尔兰猎狼犬貌似凶猛威严，其实它性格善良，十分聪明，是非常值得信赖的品种，对小孩很友善。此犬种肌肉发达，体格魁梧，喜欢四处跑，需要十分宽敞的空间。

犬种历史

爱尔兰猎狼犬是珍稀犬种，作为爱尔兰的国犬，在民间传说、文学作品中经常可以看到关于爱尔兰猎狼犬的描写。此犬种身形高大，常被用来捕狩狼、鹿、野猪等动物。爱尔兰猎狼犬在贵族人士之间常被作为礼品互相赠送，致使英吉利国王不得不颁发输出禁令。

18 世纪初，爱尔兰野狼被彻底消灭，用以捕狩野狼而出名的爱尔兰猎狼犬数量锐减，几近灭绝。到 19 世纪，英国陆军军官乔治·格拉罕努力使其繁殖，用其和苏格兰猎鹿犬混合改良，使此犬种重新发展，此品种才又引起了人们的关注。

爱尔兰猎狼犬是真正的“犬中巨人”，号称世界上最高大的狗

综合评价

爱尔兰猎狼犬体型巨大、威武，是真正的巨犬。它结合了力量和速度，而且视觉敏锐，属于高大的奔跑型猎犬。其被毛十分杂乱；身体结实，肌肉十分发达，从而显出优雅的姿态。结构坚固、稳定，显示出力量、勇气和匀称性。

项目	评级	项目	评级
运动需求量	●●●●○	关爱需求度	●○○○○
可训练度	●●●○○	陌生人友善度	●○○○○
初养适应度	●○○○○	动物友善度	●●○○○
兴奋程度	●○○○○	城市适应度	●●○○○
吠叫程度	●○○○○	耐寒程度	●●●●○
掉毛程度	●●●○○	耐热程度	●●●●○

体态特征

适养人群

爱尔兰猎狼犬喜欢稳定舒适的生活，且十分需要主人的关心。因为它们是一种十分敏感的犬类，当它们无法得到满足时，会变得没有耐心。其脾气与性格决定了它不适合在城市与乡村间进行守卫与巡逻的工作。

03. 巴吉度猎犬

Basset Hound

别名：巴塞特猎犬 / 短腿猎犬　　体型：小型

肩高：33~38 厘米　　体重：18~27 千克

原籍：法国　　寿命：10~12 年

分类：嗅觉猎犬 / 伴侣犬 / 看家犬　　参考价格：3000~5000 元

性格特点：巴吉度猎犬性格温顺、聪明伶俐，嗅觉敏锐，是一种智商很高和十分忠诚的家庭伴侣犬。巴吉度猎犬喜欢游荡，每天需要较大的运动量，它们的智商相对较高，适当训练可以让它们变得非常顺从。

巴吉度猎犬眼神柔和、忧郁，举止萌态十足，是十分受女士及老年人欢迎的犬种

犬种历史

巴吉度猎犬又称巴塞特猎犬，原产于法国。在过去，巴吉度是专门的步行狩猎犬，主要用来猎浣熊、兔子等小野兽，也可用来猎鸟。这种带有诙谐风度的小猎犬具有非常灵敏的嗅觉，追逐猎物时能发出一种深沉而特殊的声音，因此闻名。它是法国有代表性的猎犬，与腊肠犬并列，是身长、腿短的代表犬。

1880 年，巴吉度猎犬被带到英国。从 1884 年起，美国犬迷开始从英国进口巴吉度猎犬，经精心饲养、繁殖，它们开始在北美活跃起来。1885 年第一头巴吉度猎犬在美国养犬俱乐部注册。这种犬在英国和美国作为观赏犬拥有很高的声誉。

综合评价

巴吉度猎犬是一种短腿犬。相对于体形而言，与其他品种的猎犬相比，骨量最重。它行动谨慎，但不笨拙；性情温和却不害羞；貌似木讷，其实聪慧友善，细腻敏感，但很倔强，不易训练。对气味极为执着，嗅觉非常敏锐，仅次于寻血猎犬。有时会全神贯注地追踪一个有趣的气味，对外界的危险浑然不觉，极易走失，因此需要安全的封闭环境，遛狗时必须小心牵好。

运动需求量		关爱需求度	
可训练度		陌生人友善度	
初养适应度		动物友善度	
兴奋程度		城市适应度	
吠叫程度		耐寒程度	
掉毛程度		耐热程度	

体态特征

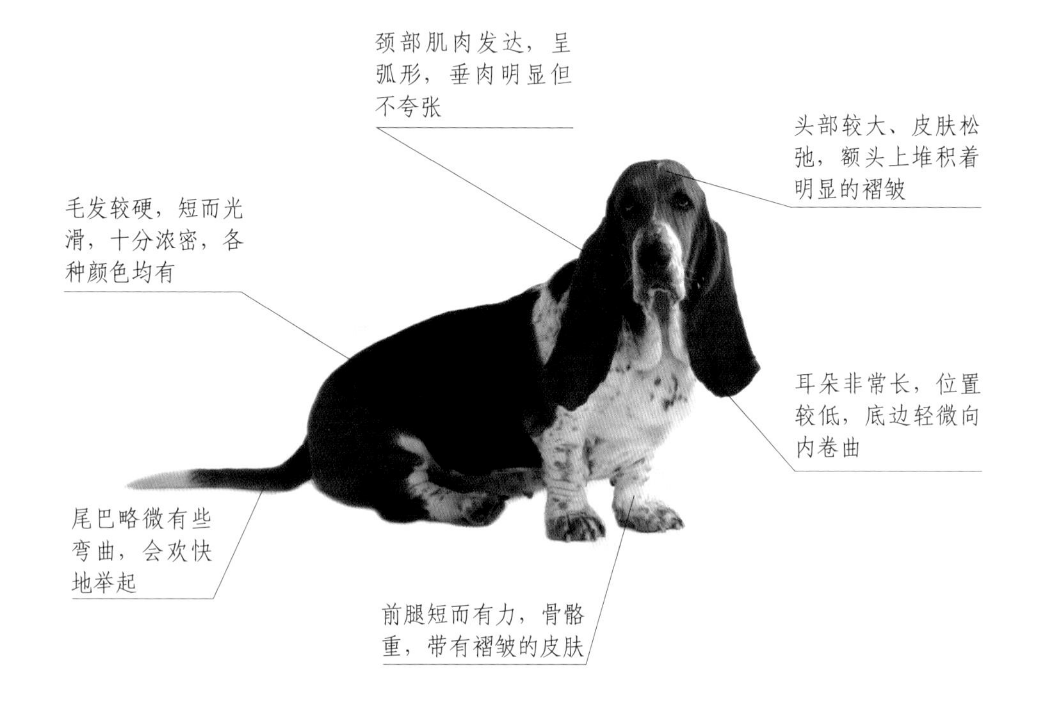

适养人群

巴吉度犬虽然曾经是狩猎犬，但如今已经逐渐成为合格的家庭宠物犬，它的个性温柔，模样可爱，十分具有观赏性。在日常护理方面，最好多关注它长长的耳朵，因为耳朵大，不通风，容易引起耳朵发炎，必须经常帮它清洁耳朵。总体来说，巴吉度猎犬是十分容易打理的宠物。

04. 法老王猎犬

Pharaoh Hound

别名：科博特菲勒犬

体型：大型

肩高：53~64 厘米

体重：20~25 千克

原籍：马耳他

寿命：12~14 年

分类：古老犬 / 嗅觉猎犬 / 狩望猎犬

参考价格：5000~20000 元

性格特点：法老王猎犬聪明，友善亲切，感情丰富，顽皮且警惕而活跃，非常忠实而敏锐，视觉和嗅觉都很好，是一种十分优秀的猎犬，尤其喜爱小孩子。它们喜欢漫游嬉戏，渴望得到人类的注意。

法老王猎犬轮廓鲜明，线条优美，步态舒展流畅

犬种历史

法老王猎犬是世界上最古老的犬种之一，现今该犬种仍保留其原始种性。早在 4000 年前，在古埃及的画像和文献中，就可以找到类似法老王猎犬的踪迹。它一度是历代古埃及王的宠儿，后来法老王猎犬被腓尼基商人带到马耳他岛。经过 2000 多年的繁殖和演变，如今这一犬种仍保留其埃及祖先的样貌。

在马耳他，法老王猎犬是著名的猎兔能手。1979 年，马耳他政府宣告该犬种为国犬，并发行刻有其肖像的银币作纪念。1968 年被引进到英国，1983 年美国养犬俱乐部 (AKC) 正式承认法老王猎犬为纯种犬。

综合评价

法老王猎犬是一种非常高贵的大型犬，其整体外观优雅有力，风范不凡；奔跑速度快而且非常平稳、舒展，步幅相当大。其出色的捕猎技巧使其在狩猎犬中名列前茅。

法老王猎犬的被毛短而有光泽，从细腻而紧贴身体到略显粗糙都有，没有任何饰毛。颜色从鲜艳的褐色到栗色都允许，个别法老王猎犬在尾巴尖或胸前有白色斑纹，属于正常颜色。

法老王猎犬气质高贵，喜欢保持高高昂起的姿势

项目	评分	项目	评分
运动需求量	4	关爱需求度	1
可训练度	3	陌生人友善度	2
初养适应度	2	动物友善度	2
兴奋程度	1	城市适应度	2
吠叫程度	1	耐寒程度	2
掉毛程度	1	耐热程度	5

体态特征

适养人群

法老王猎犬是大型的狩猎犬，它们需要足够的运动量来维持健康的体魄。生活空间也不能太小，否则易生病。最适合它的生活环境还应该是广阔的乡间，一般不适合都市生活，更不适合工作繁忙者或老年人饲养。

05. 阿根廷杜高犬

Dogo Argentino

别名：杜高 / 阿根廷獒	**体型**：大型
肩高：62~68 厘米	**体重**：36~45 千克
原籍：阿根廷	**寿命**：10~11 年
分类：狩望猎犬 / 守卫犬	**参考价格**：3000~5000 元

性格特点：杜高犬活泼、坦诚、勇敢，不过分吠叫，属于有力量的猛犬，在主人面前安静、谦逊，但对陌生人抱有警惕，甚至敌意。该犬攻击性较强，常用来看家护院。

犬种历史

杜高犬是在南美培育的少数犬品种之一。早期的西班牙人进入南美大陆时，就将凶猛的作战犬带到了这里。20 世纪初期，一个阿根廷的育种者，安东尼奥·瑞斯·马丁那兹博士，为了狩猎美洲豹和美洲狮，培育成了该品种。

为了培育出一种速度快、战斗力强的猎犬，马丁那兹博士用西班牙斗犬、西班牙獒、大丹犬、牛头犬、波音达犬和拳师犬进行了杂交。经过严格挑选，最后得到一种嗅觉灵敏、肌肉发达、有持久的耐力、可在无路可走的荒野里跟踪猎物的猎犬，这就是强壮有力的杜高犬。

杜高犬有非常强的耐力，对于斗犬的爱好者，极具吸引力

步态特征

杜高犬的步态灵活稳定，行走安静，步幅大，前肢高抬、后肢推进有力。在疾行中，表现出饱满的精神状态和强大的力量。

被毛特征

杜高犬的被毛短、触感平滑。被毛密度随天气变化而变，在炎热时被毛稀薄，在寒冷时被毛厚密甚至还会生出底毛。颜色为全白色；只准许眼睛上方有色斑出现，而且色斑的面积不可以超过头部面积的 10%。

运动需求量	●●●◐○	关爱需求度	●●◐○○
可训练度	●●●◐○	陌生人友善度	●◐○○○
初养适应度	●●○○○	动物友善度	●◐○○○
兴奋程度	●●●○○	城市适应度	●●○○○
吠叫程度	●●●○○	耐寒程度	●●●○○
掉毛程度	●●○○○	耐热程度	●●●◐○

体态特征

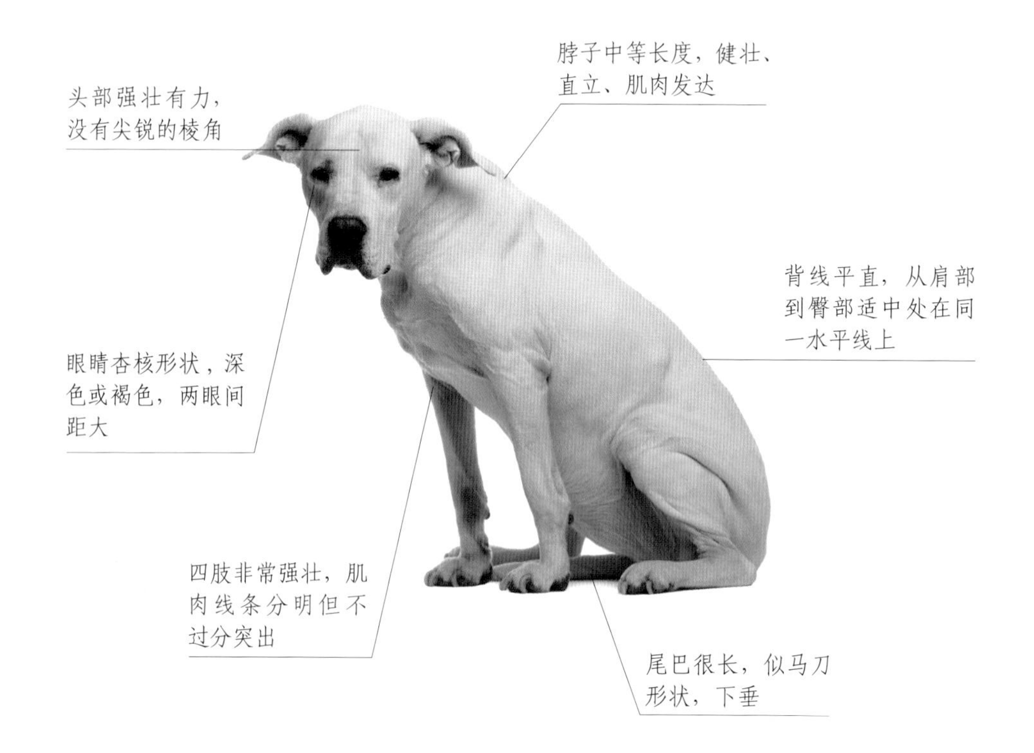

适养人群

阿根廷杜高犬具有非常强烈的统治意识及保护领地的意识，这种性格很容易引起它与其他犬类打斗，尤其是雄性的杜高犬更是如此，因而不适合在城市里饲养。作为一名优秀的猎手，它是勇敢和无畏的，因此更适合作为护卫犬。

别名：猎兔犬 / 威比特犬
体型：中型
肩高：43~51 厘米
体重：12~13 千克

原籍：英国
寿命：13~14 年
分类：狩望猎犬 / 伴侣犬 / 比赛犬
参考价格：2000~5000 元

性格特点：惠比特犬具有温和而柔顺的性格，愉快、富有感情，高贵、聪明，易于训练，对主人忠实，是非常优秀的伴侣犬。它喜爱具有竞争性的狩猎活动与舒适的家庭生活。

犬种历史

在维多利亚时代，英格兰的犬赛爱好者用㹴犬与灵猩犬进行配种、改良，培育出现在的惠比特犬。当时主要用来参加咬夺竞赛或者捕猎野兔。惠比特犬拥有出众的奔跑能力，其奔跑时速可达 60 千米。该犬四肢修长，身体瘦小柔软，是灵猩犬的缩小版。如今，优美的姿容与动作，使之成为展览中的佼佼者。这种犬作为家庭犬有着极高的声誉，它走路的姿势像马，驱赶时行动迅速，又称鞭犬。

惠比特犬貌似虚弱，却具有惊人的力量，而且奔跑速度非常快

步态特点

惠比特犬的步态低而舒展，从侧面观察，动作非常舒展；前肢向前伸展时贴近地面，产生长而低的步伐；后躯产生强大的推动力。奔跑时，腿既不向内弯也不向外翻，姿势美观而协调。

综合评价

惠比特犬是一种真正的运动型猎犬，外观匀称，显示出速度、力量和平衡，能以最少的动作跑完最大的距离。给人的印象是漂亮而和谐，肌肉发达，强壮而有力，外形高雅、优美，是非常受欢迎的犬种。

项目	评分	项目	评分
运动需求量	3	关爱需求度	1
可训练度	3	陌生人友善度	2
初养适应度	1	动物友善度	2.5
兴奋程度	1	城市适应度	4.5
吠叫程度	1	耐寒程度	3.5
掉毛程度	2	耐热程度	4

体态特征

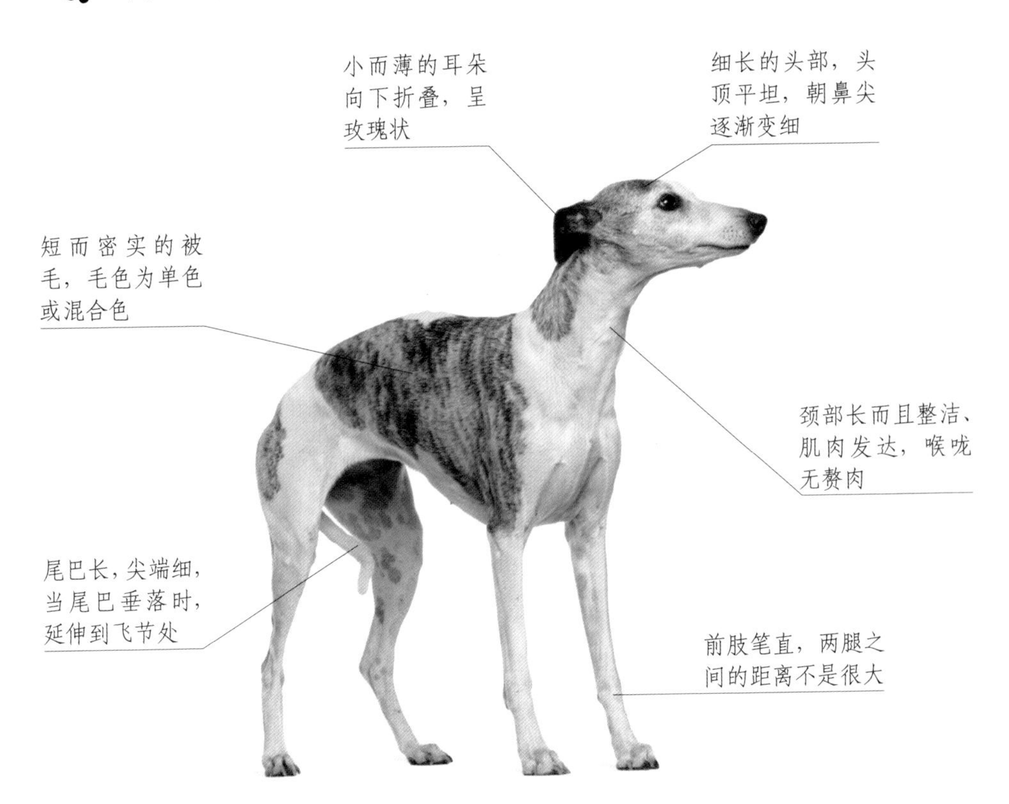

适养人群

惠比特犬是广受喜爱的家庭犬，即使在家里也能举止端庄，懂得收放自如，在管教训练时不需花太多功夫，对主人十分忠心，十分适合作为伴侣犬饲养。但主人每日必须给予其足够的运动量，工作繁忙者和老年人不适合饲养。

07. 巴仙吉犬

Basenji

别名：贝生吉犬 / 刚果犬

肩高：40~43 厘米

原籍：刚果

分类：狩望猎犬 / 伴侣犬 / 守护犬

体型：小型

体重：9~11 千克

寿命：10~12 年

参考价格：3000~5000 元

性格特点：巴仙吉犬具有好胜而顽皮的个性，对人和善，喜欢与人接近。但对陌生人会较为冷漠。此犬属于群居生活犬，具有主导其他犬的倾向。巴仙吉犬的好奇心很强，喜欢整洁而干净。

犬种历史

巴仙吉犬是世界上最古老的犬种之一，数千年来一直保持着它的纯种性。据记载，这种犬第一次被作为礼物从尼罗河的源头送给了古埃及的法老王。后来这种犬流落于民间，之后刚果当地人发现这种犬聪明、速度快、安静，因而将此犬作为猎犬培育，用于狩猎。

几千年来，巴仙吉犬一直被培养成猎犬，直到20世纪初期，这种犬才被引入英国，随后又到达了美国。1942年，美国巴仙吉犬俱乐部成立。从此，巴仙吉犬不仅是优秀的猎犬，还以宠物犬的身份闻名于世。

巴仙吉犬动作轻松而敏捷，气质文雅而优美

额间深深的皱纹是巴仙吉犬重要的标志

被毛特征

巴仙吉犬的皮肤非常平顺，被毛光滑而细腻，毛色包括栗红色、纯黑色和斑点色。无论什么颜色，都带有白色的足爪、胸部和尾尖。白色不应该超过主要颜色而成为主导色。

综合评价

巴仙吉犬具有很强的好奇心，爱清洁，会和猫一样用前肢洗脸。它喜欢在房子周围散步，通过本身所具备的视觉与嗅觉来追寻猎物。“不会吠叫，且不是哑巴”是巴仙吉犬独有的特征。

运动需求量	关爱需求度
可训练度	陌生人友善度
初养适应度	动物友善度
兴奋程度	城市适应度
吠叫程度	耐寒程度
掉毛程度	耐热程度

体态特征

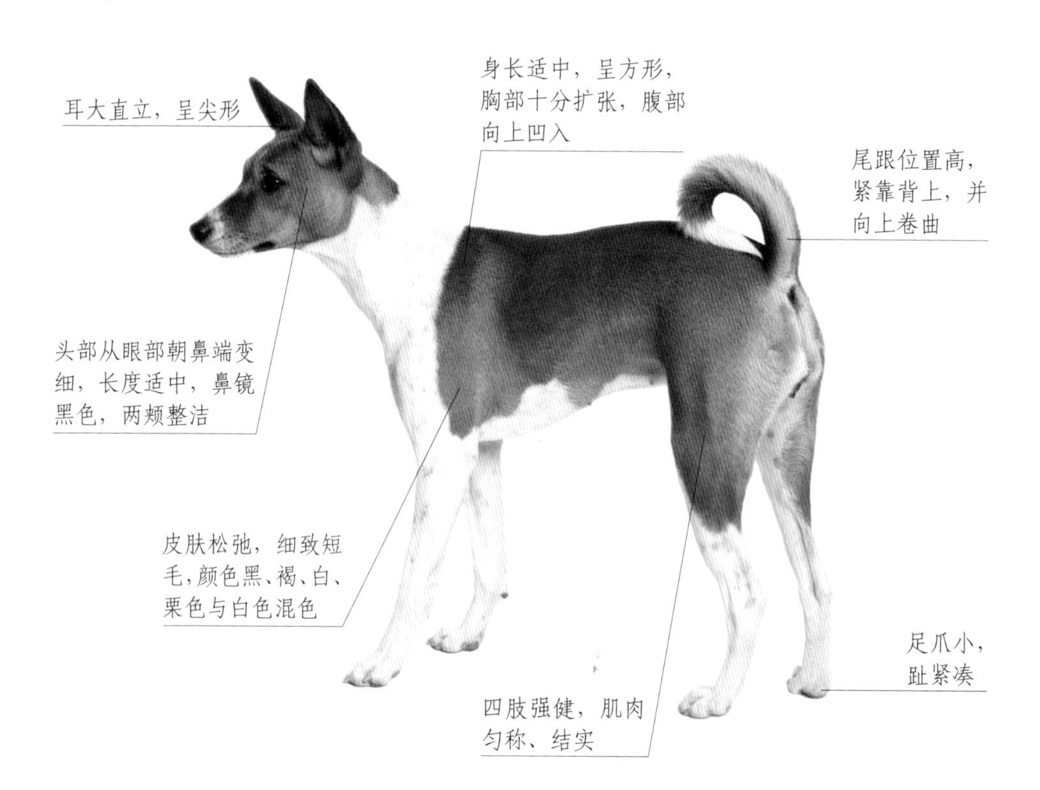

饲养须知

巴仙吉犬平时喜爱活动，足够的运动量有助于生长发育，保证健康。所以主人最好每天陪它出去散步，给其自由奔跑、跳跃的机会。这种犬最大的特点是头部和颈部有皱褶，应经常为其清除污垢、梳理被毛。尤其是夏天，每天或隔天洗澡一次，以保证狗狗的干净、健康。

08. 萨路基犬

Saluki

别名：东非猎犬 / 沙克犬

肩高：56~71 厘米

原籍：埃及

分类：狩望猎犬

体型：大型

体重：20~30 千克

寿命：10~12 年

参考价格：2000~5000 元

性格特点：萨路基犬性格稳重，忠实，具有贵族风度。同时，它英勇无畏，具有不屈不挠和不畏艰难的斗志。但它也有神经质的一面，应经常进行驯服训练，来抑制此犬强烈的狩猎欲望。

犬种历史

萨路基犬是古埃及皇家饲养的最古老的犬种。考古发现，在古埃及的墓葬中曾出现过萨路基犬的雕塑。它有着流线型的躯体和长长的垂耳。它强壮到可以轻易杀死一头羚羊，所以它又有个名字——瞪羚猎犬。

传说古代法老们将老鹰放在手上，由萨路基犬导猎。中世纪的猎师们称此犬种为“来自阿拉神的赠物”。由于这一宗教观念，只要是该犬捕获的猎物，即使是四教禁食之物也被允许食用。从外观判断，此犬和古代阿富汗狩猎犬应属同系犬种。

萨路基犬气质高贵、深沉，拥有一双深邃的眼睛

综合评价

萨路基犬体格非常强壮，奔跑速度快，而耐久力极佳。从外表看来，本犬种具有修长的四肢、轻盈的身形，使其显得优雅、敏捷。

萨路基犬拥有优秀的狩猎能力，视力极好，所以它是靠视觉狩猎而不是嗅觉狩猎的犬种。此犬能利用极快的速度追逐猎物，任何猎物均能捕获。该犬聪明伶俐，性格忠诚，稳重乖顺，具有贵族风范，属珍贵犬种。

运动需求量	●●●●○	关爱需求度	●●○○○
可训练度	●●●◐○	陌生人友善度	●●◐○○
初养适应度	●●◐○○	动物友善度	●●◐○○
兴奋程度	●●●○○	城市适应度	●●●◐○
吠叫程度	●●○○○	耐寒程度	●●●◐○
掉毛程度	●○○○○	耐热程度	●●●●○

体态特征

适养人群

萨路基犬狩猎欲望强烈，家庭饲养必须为其提供足够的活动空间，每天一定要保证足够的运动量，以及严格而温和的训练，以控制其情绪。虽然此犬可以适应城市生活，但不建议在城市饲养。

09. 俄罗斯猎狼犬

Borzoi

别名：波索尔犬 / 俄国灵猩　　体型：大型

肩高：69~79 厘米　　体重：35~48 千克

原籍：俄罗斯　　寿命：11~13 年

分类：狩望猎犬 / 伴侣犬　　参考价格：3000~8000 元

性格特点：俄罗斯猎狼犬是一种绅士、安静、可爱的伴侣。它举止优雅，态度威严；动时很活泼，静时很安静，对陌生人会表现得冷淡甚至不友好，对其他犬类也有攻击性，需要进行严格而温和的训练。

俄罗斯猎狼犬身材高大而纤细，极其善跑

犬种历史

关于俄罗斯猎狼犬的历史来源，各种说法不一。有人认为此犬祖先来自中东地区，后来传到北方大陆与当地长毛牧羊犬交配改良，形成今天的俄罗斯猎狼犬；也有人认为是蒙古人进攻俄国时将这种犬带到了俄国，与俄国本土的许多猎犬交配改良而形成。

猎狼曾经是俄罗斯贵族非常流行的活动。俄罗斯猎狼犬比狼奔跑速度更快，猎狼犬一般都是成对出击，它们咬住狼的脖子摔到地上。随着猎狼活动的消失，这种犬也逐渐失去了捕猎的兴趣，演变成如今温柔可亲的伴侣犬。

被毛特征

俄罗斯猎狼犬的被毛长而呈丝状，波浪状或卷曲的被毛较为理想。颜色方面没有任何限制，任何毛色都存在，白底浓斑的被毛非常多。头、耳、脚的正面覆盖着短而光滑的毛发，胸部与前脚的毛发较为浓密。

俄罗斯猎狼犬美丽高雅，曾是俄国的贵族犬

项目	评分	项目	评分
运动需求量	4	关爱需求度	2.5
可训练度	2.5	陌生人友善度	3
初养适应度	2.5	动物友善度	3
兴奋程度	2.5	城市适应度	2.5
吠叫程度	1.5	耐寒程度	2.5
掉毛程度	3	耐热程度	3.5

体态特征

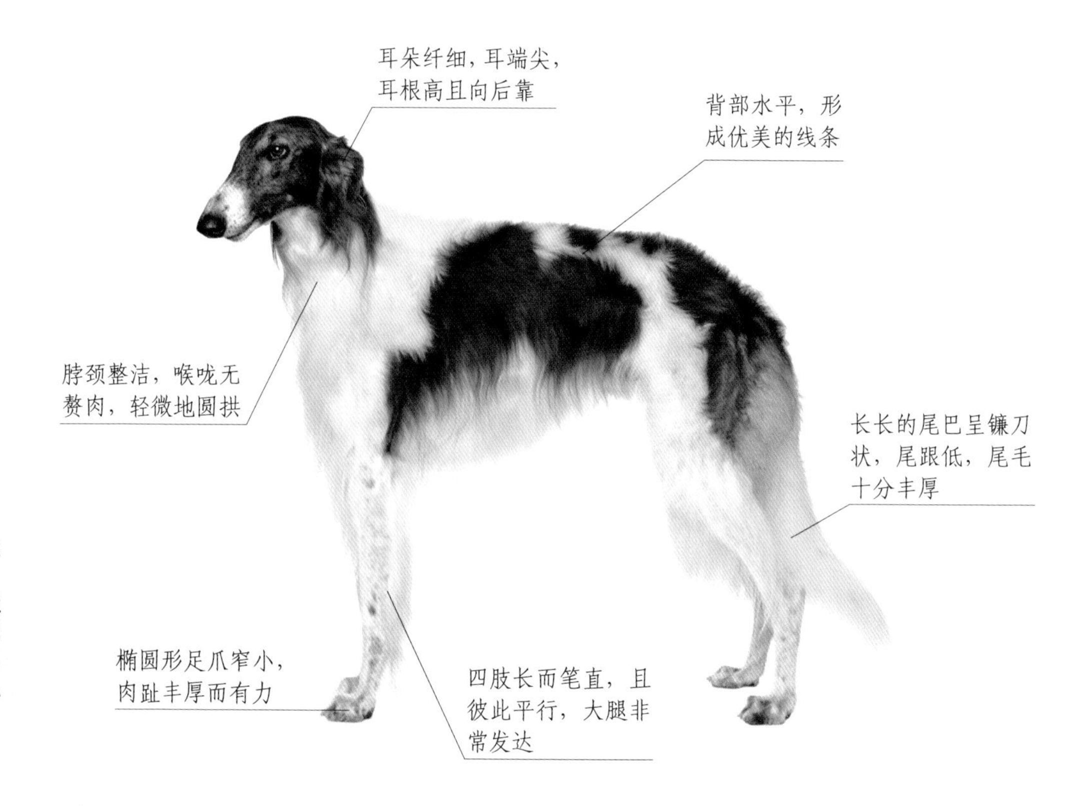

狩猎犬

适养人群

该犬对孩子不是很有耐心，对其他小动物可能有攻击性，需要进行严格训练，外出散步必须牵好。俄罗斯猎狼犬必须得到足够的运动机会以发泄体力，因此不适合有老人和孩子的家庭饲养，也不适合公寓饲养。

10. 腊肠犬

Dachshund

别名：腊肠 / 獾狗

体型：中型

肩高：18~23 厘米

体重：11~15 千克

原籍：德国

寿命：12~15 年

分类：嗅觉猎犬 / 伴侣犬

参考价格：1000~2000 元

性格特点：腊肠犬活泼、开朗，是一种快乐的狗。该犬易于训练，忠于主人。在户外，腊肠犬精力充沛、不知疲倦；在室内，它安静时友善，玩闹时活泼。

腊肠犬是一种非常喜欢吠叫的犬种

犬种历史

腊肠犬也称獾狗，原产于德国，其祖先可能来自于古老的埃及。考古发现，在埃及的法老寝墓中，雕刻着身体长、四肢短的犬只形象，后经证实为腊肠犬的原始祖先，由此可见此犬存在已有数千年的时间了。

腊肠犬是一种专门用来嗅猎、追踪、捕杀獾类及其他穴居动物的犬种。由于它四肢短小，整个身躯就像一条腊肠一样，故名腊肠犬。1840 年德国成立了第一个腊肠犬俱乐部。最早的腊肠犬是单一的短毛型，后培育出长毛和刚毛品种。1850 年腊肠犬被引入英国，本世纪初，英国人开始培育一种用作玩赏的迷你型腊肠犬，获得成功，并于 1935 年成立了小型腊肠犬俱乐部。

被毛特征

腊肠犬有三种不同的被毛类型：短毛型、长毛型和刚毛型。短毛型被毛短、平顺、光滑。长毛型被毛圆滑、光亮，略呈波浪状。刚毛型身体上都覆盖着粗糙、坚硬而不规则的外层披毛，下层有细腻、柔软、短的底毛。

总体特征

腊肠犬身躯长，四肢短且肌肉发达，皮肤有弹性而柔韧，没有皱纹。它的行动能力看起来既不显得笨拙，也不显得艰难。在捕猎时，腊肠犬主要依靠其灵敏的嗅觉进行追踪，与众不同的身体结构让它特别适合在地下或灌木丛中工作。它敏锐的嗅觉能力远远超越其他犬种，在狩猎犬中独树一帜。

长毛腊肠犬拥有一身圆滑而略呈波浪状的毛发

项目	评级	项目	评级
运动需求量	●●○○○	关爱需求度	●●○○○
可训练度	●●○○○	陌生人友善度	●◐○○○
初养适应度	●◐○○○	动物友善度	●◐○○○
兴奋程度	●●◐○○	城市适应度	●●●●●
吠叫程度	●●●◐○	耐寒程度	●●●◐○
掉毛程度	●●●○○	耐热程度	●●●◐○

体态特征

适养人群

腊肠犬喜欢玩闹，性格活泼，对主人忠诚，所需运动量不大，比较适合公寓饲养。但因其比较喜欢吠叫，要特别加以训练，以防扰邻。腊肠犬寿命较长，最长可达15年以上，非常适合做伴侣犬。

11. 罗得西亚背脊犬

Rhodesian Ridgeback

别名： 非洲猎狮犬	**体型：** 大型
肩高： 61~69 厘米	**体重：** 30~39 千克
原籍： 南非	**寿命：** 10~12 年
分类： 嗅觉猎犬 / 警犬 / 伴侣犬	**参考价格：** 5000~10000 元

性格特点：罗得西亚背脊犬性格稳重、聪明，对人亲近友善，很少吠叫。它勇敢善斗，忍耐性强，24 小时无水也能忍受，在非洲内陆温差极大的环境里狩猎也能承受得住，是非常优秀的狩猎犬。

犬种历史

罗得西亚背脊犬也叫猎狮犬，是用于野外特殊狩猎的犬种。大约从 16 世纪起，欧洲移民将大型猎犬带到南非，如大丹、马士提夫、灵缇、寻血猎犬及其他品种。这些被带到南非的犬对罗得西亚背脊犬的培育起到了重要的作用。

1877 年，两头背脊犬参加了一个罗得西亚的大型狩猎活动，它们的出色表现赢得了很高的声誉。1955 年 AKC 将此犬注册为纯种犬。罗得西亚背脊犬在美国得到了极高的评价，它有效的工作能力和从不打扰别人的性格，以及喜欢小孩子的天性使得它在美国的家庭中很受欢迎。

罗得西亚背脊犬小跑时显示出力量和优雅

背上的逆毛是这个品种非常重要的特征

背脊特点

罗得西亚背脊犬最显著的特点就是在脊背上长有与其他毛发生长方向相反的毛发——逆毛。脊背上的逆毛非常清晰，两端略细、对称，从肩胛后开始，延伸到臀部突起处中间，包括两个一样的旋，一边一个，旋的下边缘不能低于脊背上逆毛的 1/3。

综合评价

罗得西亚背脊犬是一种结实、肌肉发达、活泼的狗，外形匀称而平稳。一个成熟的罗得西亚背脊犬显得英俊、强健，属运动型，耐力持久、速度快。气质平和而威严，深爱它的主人，但对陌生人有所保留。

运动需求量	●●●◐○
可训练度	●●●◐○
初养适应度	●○○○○
兴奋程度	●○○○○
吠叫程度	●◐○○○
掉毛程度	●◐○○○

关爱需求度	●○○○○
陌生人友善度	●◐○○○
动物友善度	●●●○○
城市适应度	●●◐○○
耐寒程度	●●◐○○
耐热程度	●●●●◐

体态特征

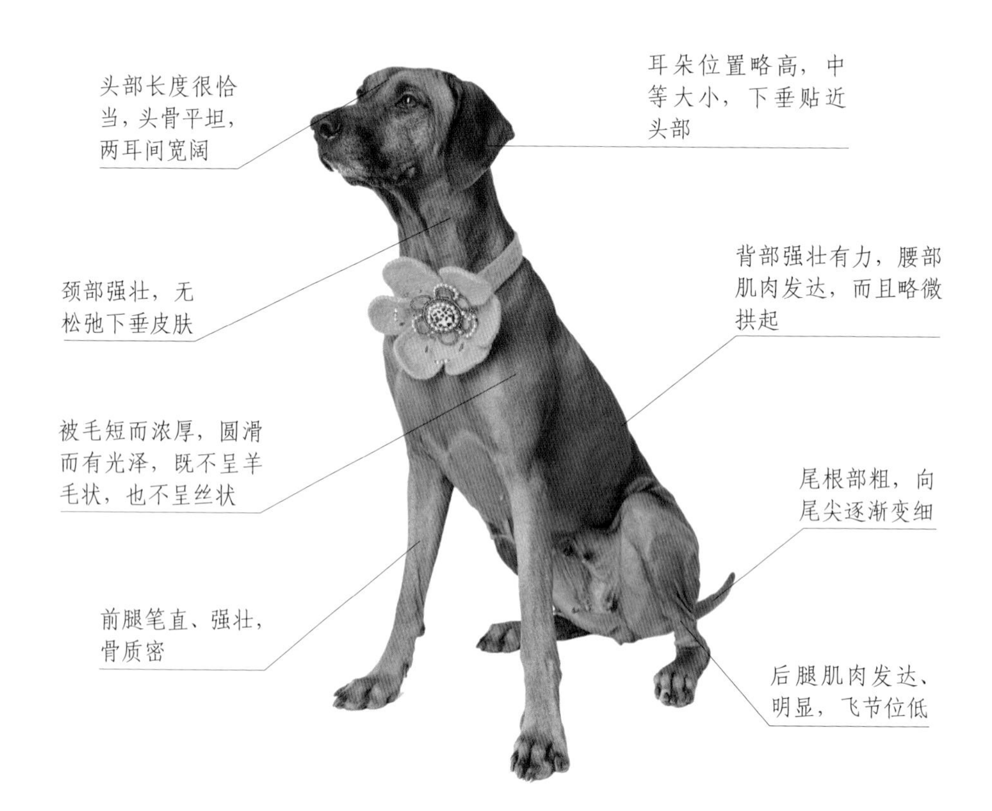

适养人群

罗得西亚背脊犬能适应炎热的天气，不需要特别梳理被毛，初养适应度较差，具有一定的训练难度，也不容易与别的犬相处，是名副其实的猛犬，加上其需要很大的运动量，这一切都说明，该犬在城市饲养会比较麻烦。

12. 新斯科舍诱鸭寻回犬

Nova Scotia Duck Tolling Retriever

别名：小河鸭犬

体型：中型

肩高：43~53 厘米

体重：17~23 千克

原籍：加拿大

寿命：12~13 年

分类：嗅觉猎犬 / 枪猎犬 / 伴侣犬

参考价格：1000~3000 元

性格特点：新斯科舍诱鸭寻回犬活泼可爱，机灵好动，擅长游泳且耐力好，有着超乎寻常的工作欲望，叼衔猎物让人放心，是非常容易调教、听话的家庭宠物犬，同时又具备猎犬的所有天赋。

犬种历史

新斯科舍诱鸭寻回犬原产于加拿大南部的新苏格兰半岛，在那儿有随季节迁徙的鸭子和鹅。印第安人让他们的犬模仿锈红色的狐狸，摇着尾巴引诱水中的鸭子靠岸，而躲在暗处的猎人会趁机对鸭子展开射猎。当鸭子被击中后，新斯科舍诱鸭寻回犬又从水中把猎物拾起。该犬作为一种能力非常强的觅拾犬，一直受到印第安猎人的喜爱；而且该犬初养适应度较高，作为家庭宠物犬也相当受欢迎。

生活习性

新斯科舍诱鸭寻回犬是寻回犬中最小的一种。它有着强烈的寻回愿望，也很喜欢游泳，对鸟有着强烈的欲望，喜欢驱赶或者引诱鸭子、鹅等禽类，这对它作为一个引诱寻回犬的角色来说是很重要的。

新斯科舍诱鸭寻回犬安静时气质忧郁，运动时活泼可爱

综合评价

新斯科舍诱鸭寻回犬属于中型犬，体型匀称且结构紧凑，肌肉发达、骨骼强壮，具有高度的敏捷性、警觉性和韧性。工作时，该犬会表现得非常兴奋，且注意力高度集中。生活中，新斯科舍诱鸭寻回犬对家庭成员非常友好，对小孩子也很有耐性。

运动需求量		关爱需求度	
可训练度		陌生人友善度	
初养适应度		动物友善度	
兴奋程度		城市适应度	
吠叫程度		耐寒程度	
掉毛程度		耐热程度	

体态特征

适养人群

新斯科舍诱鸭寻回犬要求有比较大的活动空间，喜欢在自然条件下无拘束地奔跑或者游泳。为了保持该犬的身心健康，必须给予足够的运动量，因此该犬并不适合城市生活。它还要求经常梳理被毛，检查耳朵。

13. 米格鲁猎兔犬

Beagle

别名：比格犬 / 小猎兔犬

体型：中型

肩高：33~41 厘米

体重：8~14 千克

原籍：英国

寿命：12~15 年

分类：嗅觉猎犬 / 枪猎犬 / 伴侣犬

参考价格：1000~3000 元

性格特点：米格鲁猎兔犬外形可爱，性格开朗，对主人极富感情，是极受欢迎的家庭犬。但该犬喜欢吠叫、吵闹，所以要从小纠正其吠叫的坏毛病。

犬种历史

16 世纪，英国皇室掀起一股狩猎的风潮。为了培养一种能配合皇家出游打猎的小猎犬，短小精悍的米格鲁犬有幸被皇室选中，经过不断的训练和改良，米格鲁犬成为专门狩猎小型猎物的犬种。米格鲁犬猎捕兔子的能力惊人，因此被冠上“兔子杀手”的称号，久而久之就被称为米格鲁猎兔犬。

后来狩猎风潮逐渐退去，米格鲁猎兔犬开始转型成为家庭犬。目前全世界的米格鲁猎兔犬大约有 10 万只，作为活泼可爱的伴侣犬在世界各地活跃。

米格鲁猎兔犬活泼可爱，非常具有亲和力

综合评价

米格鲁猎兔犬的嗅觉发达，比起其他中型犬更为优秀，因此后来被训练成缉毒犬，世界各地的大机场经常能看到米格鲁猎兔犬与警察一起执行检查过往旅客是否携带有毒品的任务。

米格鲁猎兔犬的体力与耐力在狩猎犬中十分有名，因此对于喜欢携狗散步或者运动的人是绝佳的选择。

该犬的缺点是吠叫声较大，不适合饲养在公寓里；其次，该犬好奇心重、爱搞破坏，玩疯起来容易忘形，因此要特别注意拿捏它的情绪。

米格鲁猎兔犬在美国一直是最受欢迎的犬种之一，而且这种受欢迎程度一直在上升

项目	程度	项目	程度
运动需求量	●●●○○	关爱需求度	●●○○○
可训练度	●○○○○	陌生人友善度	●●●●○
初养适应度	●○○○○	动物友善度	●●●●○
兴奋程度	●●●○○	城市适应度	●●●●○
吠叫程度	●●●●○	耐寒程度	●●●○○
掉毛程度	●●●○○	耐热程度	●●●○○

体态特征

适养人群

属于猎犬的米格鲁猎兔犬对运动的需求要超过其他犬，所以每天都应有足够的活动时间，让它达到所需的运动量。该犬喜欢吠叫，公寓内饲养一定要严格训练和管理，防止扰民，不太适合上班族和老年人饲养。

14. 寻血猎犬

Bloodhound

别名： 圣·休伯特猎犬	**体型：** 大型
肩高： 58~69 厘米	**体重：** 36~50 千克
原籍： 比利时	**寿命：** 10~12 年
分类： 嗅觉猎犬 / 警犬 / 伴侣犬	**参考价格：** 10000 元以上

性格特点：寻血猎犬性格温顺安静，忠诚善良，既不和同伴争吵也不和其他犬争吵。它的天性有些胆怯，对主人的亲昵和责备同样敏感。表情高贵而威严，个性内敛、保守。平时居处户内时安静而顺从，与人类相处非常融洽。

犬种历史

寻血猎犬原产地比利时，是世界上品种最老、血统最纯正、体型最大的嗅觉猎犬之一。8 世纪时，在比利时被饲养作狩猎犬。寻血猎犬非常受法国王室宠爱，公元 1066 年被带到英国，经过英国人几个世纪的品种改良，方才产生今日的寻血猎犬。

犬种特点

寻血猎犬具有神奇的嗅觉追踪能力，它的追踪方式很特别，从不攻击它所追踪的人。一旦追寻的踪迹有了结果，它的任务就结束了。有事实证明，即使是超过 14 天的气味，它也能追踪到，并且创造了连续追踪气味 220 千米的纪录。

被毛特征

寻血猎犬有浓密而防水的底毛。外层被毛硬、有弹性，紧贴身体；毛发直或呈波状。毛色为黑褐、赤褐和红色，较暗颜色的皮毛有时会分布着浅色或獾皮毛的颜色，有时会有白色斑纹。

项目	评分	项目	评分
运动需求量	●●◐○○	关爱需求度	●○○○○
可训练度	●●◐○○	陌生人友善度	●●●◐○
初养适应度	●◐○○○	动物友善度	●●●●○
兴奋程度	●○○○○	城市适应度	●●◐○○
吠叫程度	●○○○○	耐寒程度	●●●◐○
掉毛程度	◐○○○○	耐热程度	●●●●○

体态特征

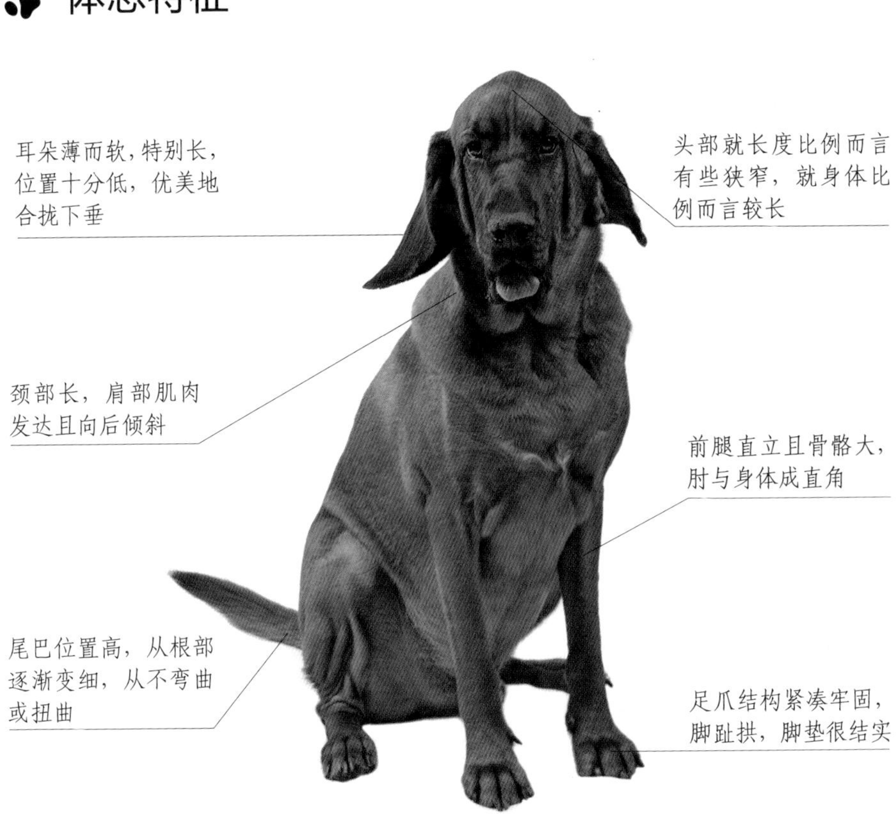

适养人群

寻血猎犬是所有大型犬种中最温顺的，它非常的慈爱而安静，无论对小孩或者其他动物，都表现得十分友善，没有攻击性，而且它的运动需求量并不算很大，非常适合作为宠物犬饲养。

15. 格力犬

Greyhound

狩猎犬

别名：灵猩 / 灵猩犬

肩高：69~76 厘米

原籍：地中海地区

分类：狩望猎犬 / 比赛犬 / 伴侣犬

体型：大型

体重：27~32 千克

寿命：9~15 年

参考价格：2000~5000 元

性格特点：格力犬不喜欢吠叫和攻击陌生人；怕冷，大多数时候都慵懒地卧在温暖舒适的地方。但它也是非常敏感的犬种，一旦发现猎物或者可以玩耍的东西，又会表现出令人吃惊的速度和灵活性。

犬种历史

格力犬是该犬的专业称谓，而人们更喜欢叫它灵缇。格力犬是世界上最古老的犬种之一，原产地为希腊、土耳其等地中海地区，后来被波斯商人带到欧洲。格力犬及小型种的意大利灵缇，在中世纪的欧洲广受人们尤其是贵族阶层的喜爱，被当作玩赏犬。

格力犬是古老的纯种犬，形体从古至今未变。很多流传下来的古代饰章上使用的头像均为格力犬，法国王室及英国亨利八世的盔饰上都可发现格力犬的形象。

另外，格力犬是一种依靠视觉追踪猎物的视觉型狩猎犬，时速可达60千米以上，是世界上奔跑速度最快的犬种，它能充分发挥优异的速度追捕野兔等小型动物，绝不会失误。这种犬在美国和欧洲有众多爱好者，至今尤盛不衰。

一只训练有素的格力犬价格非常昂贵

运动特点

格力犬每天需要 40~60 分钟的运动时间，成年犬的运动量大约是每天 10 千米，才能保证该犬的身体活力。由于格力犬超强的爆发力和奔跑速度，短而光滑的背毛使其非常容易受伤，尤其是擦伤和骨折。因此主人在看护格力犬运动时，一定要格外用心。

格力犬是陆上速度仅次于猎豹的哺乳类动物之一

运动需求量		关爱需求度	
可训练度		陌生人友善度	
初养适应度		动物友善度	
兴奋程度		城市适应度	
吠叫程度		耐寒程度	
掉毛程度		耐热程度	

体态特征

狩猎犬

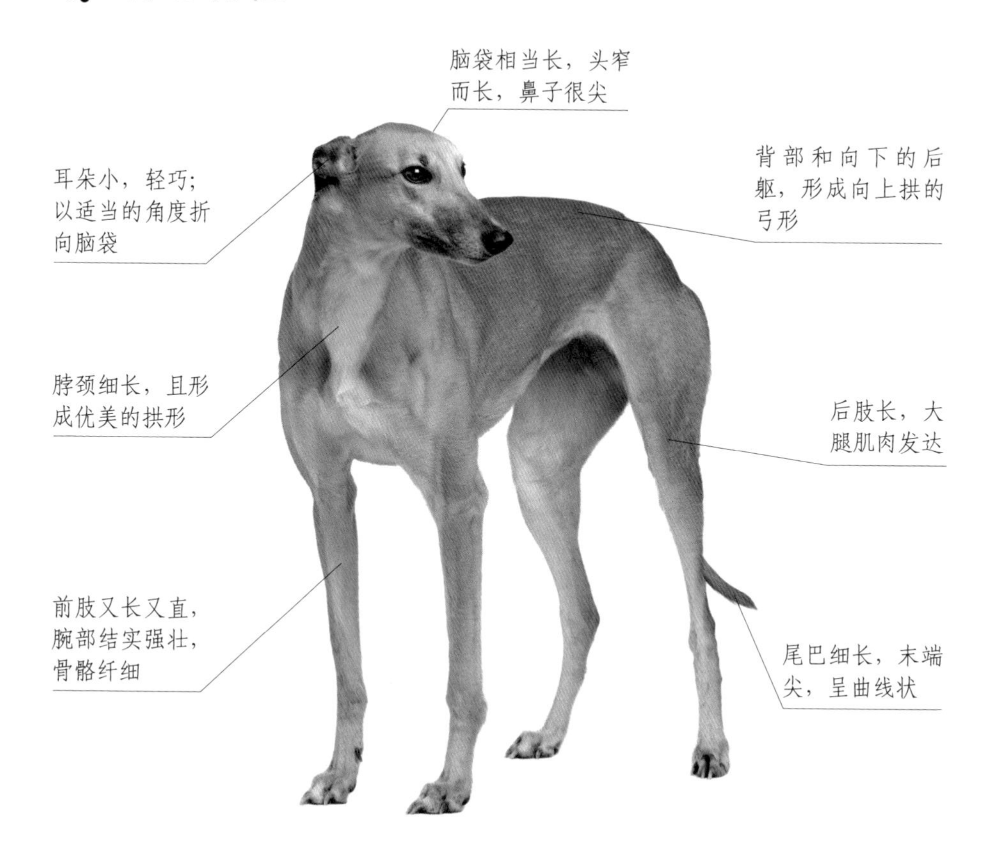

适养人群

格力犬是最优秀的家庭犬，也可作为展示犬，但饲养该犬对主人来说需要大量的时间，管理上也更费心。格力犬每日必须进行大量的运动，要有开阔的空间，不适合都市公寓饲养，工作繁忙者或老年人也不宜饲养。

16. 依比沙猎犬

Ibizan Hound

别名：伊维萨猎犬
体型：大型
肩高：55~70 厘米
体重：20~23 千克
原籍：西班牙
寿命：11~12 年
分类：狩望猎犬 / 嗅觉猎犬 / 古老犬
参考价格：5000~8000 元

性格特点：性格冷静、友善而忠诚，多才多艺且可塑性强。它能成为很好的家庭宠物，也能成为犬展上的优秀选手，在原野上可显示出天生的捕猎本能，具有极大的毅力，且非常果敢。

犬种历史

依比沙猎犬是世界上最古老的犬种之一。根据记载，依比沙猎犬一直是古埃及的贵族猎犬，经常伴随主人出游打猎。后来这种犬被带到了西班牙的依比沙岛，经过不断育种、改良，成为今天的依比沙猎犬。从法老时代经过漫长的岁月，顽强地战胜其他物种保留至今，足以证明它的适应性与本领的高强。

第一批依比沙猎犬于1956年被带至美国。由于它脾气温顺，抗病能力强，身体强健而有韧性，很快受到美国养犬人的欢迎。1978年，依比沙猎犬被美国养犬俱乐部作为良种犬登记注册，并于1979年1月1日正式成为公认的观赏犬。

依比沙猎犬看起来像鹿，很文雅

骨骼精致，没有任何沉重的迹象

生活习性

依比沙猎犬是犬中的跑步高手，某几类依比沙猎犬还善于攀爬栏栅。它们的运动量大，每日必定要散步或跑步。猎犬一旦跟上某种气味，便会穷追不舍，故切勿轻易松开牵引绳，否则它会四处乱跑，尤其会追逐猫咪或者兔子之类的小动物。整体而言，大多数依比沙猎犬品性良善，经过训练后，可成为良伴。

被毛特征

依比沙猎犬有短毛和刚毛两种被毛类型。两种类型的毛发质地都很硬。颜色有白色、不同程度的红色和红白混合色。

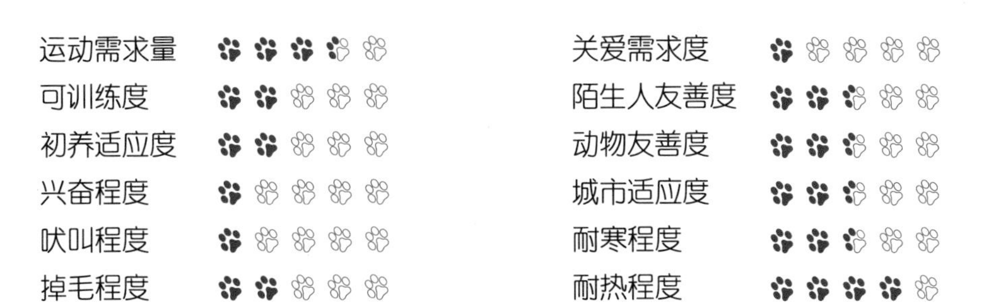

体态特征

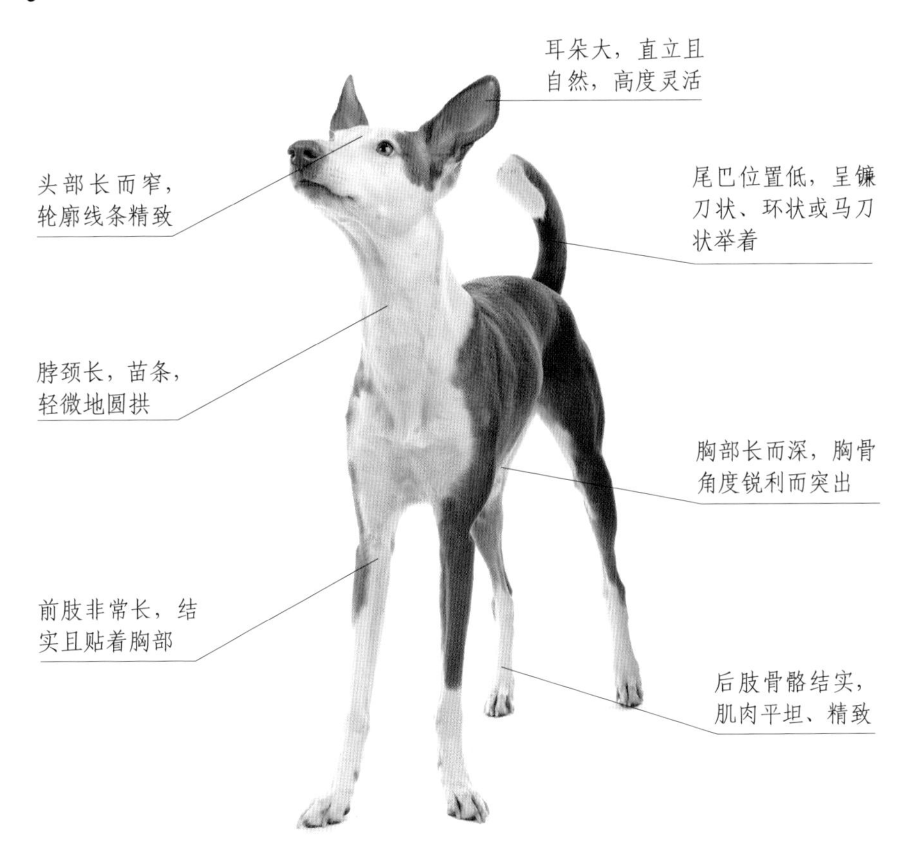

适养人群

依比沙猎犬生性略固执，需要长期的训练进行克服；另外，该犬极善运动，不能长时间待在屋内，否则很容易生病，它需要广阔的空间来自由奔跑。基于以上原因，依比沙猎犬并不适合公寓饲养。

枪猎犬：捕捉猎物的贵族

在 19 世纪的英格兰地区，利用猎枪打猎是非常流行的贵族运动，这些跟随主人一起打猎的犬只被称为“Gun Dog”。相比较而言，枪猎犬已经不再需要像狩猎犬那样追逐、捕杀猎物了。

枪猎犬的工作是利用敏锐的嗅觉和听觉，帮助猎人发现猎物的位置，并且把情报反馈给猎人。工作的方式是“激飞”或“寻回”，“激飞”就是追赶、驱逐猎物，让野鸭、野兔受惊逃窜，以便猎人射击；“寻回”就是当猎人将猎物击落后，它们会迅速出动，将猎物衔回来。总之，协助猎人完成打猎工作的狗，都属枪猎犬。基于以上原因，很多枪猎犬都具有活泼、温顺、亲和力强的特点，自然也很容易受到人们的宠爱。

17. 爱尔兰赛特犬

Irish Setter

别名：爱尔兰雪达犬

体型：大型

肩高：61~71 厘米

体重：25~34 千克

原籍：爱尔兰

寿命：12~13 年

分类：枪猎犬 / 工作犬 / 伴侣犬

参考价格：10000 元以上

性格特点：爱尔兰赛特犬是一种可以在各种恶劣环境中工作的优秀猎鸟犬。它性格外向，具有勇敢、温和、可爱、忠诚的品质。其精力充沛，工作时从不疲倦，具有最佳的脚力。

爱尔兰赛特犬有如血般的毛色，美丽、高贵、艺术感十足

犬种历史

关于爱尔兰赛特犬的起源推测中，有人说它是爱尔兰水猎犬和爱尔兰㹴杂交培育而成的，但更让人信服的是它可能是由英格兰赛特犬、史宾格犬和指示猎犬杂交而成，并混入少许金毛寻回犬的血统。

在美国，毛色为全红色或红色掺有少量不易察觉的白色痕迹的犬才被认为是爱尔兰赛特犬唯一典型的品种，被毛中不得混有黑色。

被毛特征

爱尔兰赛特犬的被毛平坦柔软且长度适中，颜色是浓烈的红色，在耳部、四肢和尾部拥有丝状饰毛。全部被毛和饰毛都很平直，没有卷曲或波纹。

综合评价

爱尔兰赛特犬拥有完美、协调的身体线条，被艺术家誉为所有犬种中最漂亮的。它的体长只比身高长一点，四肢壮硕，骨骼粗大，脸部轮廓很深，表情看起来十分稳重。它不畏惧任何猎物，并能勇敢挑战，是典型的爱尔兰犬。

项目	评分	项目	评分
运动需求量	●●●●◐	关爱需求度	●●●○○
可训练度	●●●○○	陌生人友善度	●●●○○
初养适应度	●○○○○	动物友善度	●●○○○
兴奋程度	●●●●○	城市适应度	●●●○○
吠叫程度	●●●◐○	耐寒程度	●●●◐○
掉毛程度	●●○○○	耐热程度	●●●●○

体态特征

适养人群

爱尔兰赛特犬性情非常温和，只要耐心加以训练指导，可成为上佳的宠物。但此犬经常吠叫，故不宜在室内饲养。此犬需要给予足够的运动时间，没有太多时间遛狗的家庭也不适合饲养。

18. 波音达猎犬

Pointer

别名：波音达 / 指示犬

肩高：60~65 厘米

原籍：英国

分类：枪猎犬 / 伴侣犬

体型：大型

体重：27~32 千克

寿命：9~11 年

参考价格：3000~5000 元

性格特点：波音达猎犬精力旺盛，奔跑能力出众，它既适合作为家庭伴侣犬，也可以在野外活动。作为工作犬，它可为主人以外的人工作，是人类真正的朋友，还特别喜欢在公众面前表演。

波音达猎犬拥有平静的气质和警惕、敏锐的感觉

犬种历史

波音达猎犬也叫指示犬，顾名思义，即这种犬一旦发现猎物，会用身体特定的姿势向猎人指示猎物所在。当时的欧洲地区，围猎活动非常受贵族的欢迎，而作为围猎的重要成员——波音达猎犬极受猎手的欢迎。

18 世纪，西班牙的指示猎犬开始传到英格兰地区，该犬种能用嗅觉沿地面追踪猎物。为了改良早期动作比较缓慢的大型犬的嗅觉能力，饲养者加入寻血猎犬、灵缇和英国猎狐犬的血统，改良产生出现在的波音达猎犬，继而传到世界各地。

被毛特征

被毛短、浓密、平滑而闪光，颜色包括绀红色、淡黄色、黑色、橙色，或者伴有白色。一只好的指示猎犬必须配有合适的颜色。

犬种特点

波音达猎犬是猎鸟犬中最古老的犬种之一，已有数百年的历史。主要用来寻出猎物，并通知猎手。它的每一个动作都显示了其充分的警觉性，以及猎犬所具有的持久耐力、胆量和对搜寻的欲望。所有的波音达猎犬都有一个共同点，那就是一发现猎物就举起尾巴和前肢一脚，鼻尖向前方突出，通知猎手猎物的地点。这是波音达猎犬自古以来不变的动作。

运动需求量	●●●●●	关爱需求度	●●○○○
可训练度	●●●○○	陌生人友善度	●●◐○○
初养适应度	●◐○○○	动物友善度	●●●◐○
兴奋程度	●●○○○	城市适应度	●●●●○
吠叫程度	●●◐○○	耐寒程度	●●●◐○
掉毛程度	◐○○○○	耐热程度	●●●◐○

体态特征

适养人群

波音达猎犬平静的气质和警惕、敏锐的感觉，适合在野外活动，对人或其他动物都没有羞怯的表现。它狩猎愿望强，身体强壮，精力充沛，适合开阔的生活环境，不适合公寓饲养；由于耐寒、耐热能力一般，也不宜在极端气候的地区生活。

19. 布里塔尼犬

Brittany

别名：伊帕格纽尔布勒顿犬

肩高：46~52 厘米

原籍：法国

分类：觅拾犬 / 伴侣犬

体型：中型

体重：13~15 千克

寿命：12~14 年

参考价格：10000 元以上

性格特点：布里塔尼犬拥有温和而稳定的气质，也拥有敏锐的观察力和迅捷的步伐。它非常容易训练，喜欢和小朋友玩耍，也能和别的犬类友好相处，是初次养狗者不错的选择。

布里塔尼犬拥有一双琥珀色的眼睛，目光敏锐，表情机警、镇定

犬种历史

布里塔尼犬在法国是一种最流行的本地品种，在加拿大和美国是猎人最忠诚的伴侣犬，它是一种超级的、中等体型的犬类。该品种是一种以蹲坐姿势指示猎物位置和驱赶猎物的优秀枪猎犬，常装出一副�的架势，带给喜欢它们的人许多疑惑，因为在许多国家它仍保留着“猎”的称谓。在体型方面它们可能与猎类似，但在用途上它们是一种上等的向导犬，且可能是世界上唯一的尾短而粗的向导犬。

综合评价

布里塔尼犬拥有一身肝色和白色相间的漂亮被毛，这种纤细稠密的被毛保证了它适应寒冷天气的天然优势，即便在非常艰苦的条件下，它依然能很好地完成自己的工作。生活中，它也相当乖巧、听话，只要加以科学训练，它就会很快适应并服从主人的指令。对于初次养犬者来说，布里塔尼犬是不错的选择。

运动需求量	关爱需求度
可训练度	陌生人友善度
初养适应度	动物友善度
兴奋程度	城市适应度
吠叫程度	耐寒程度
掉毛程度	耐热程度

体态特征

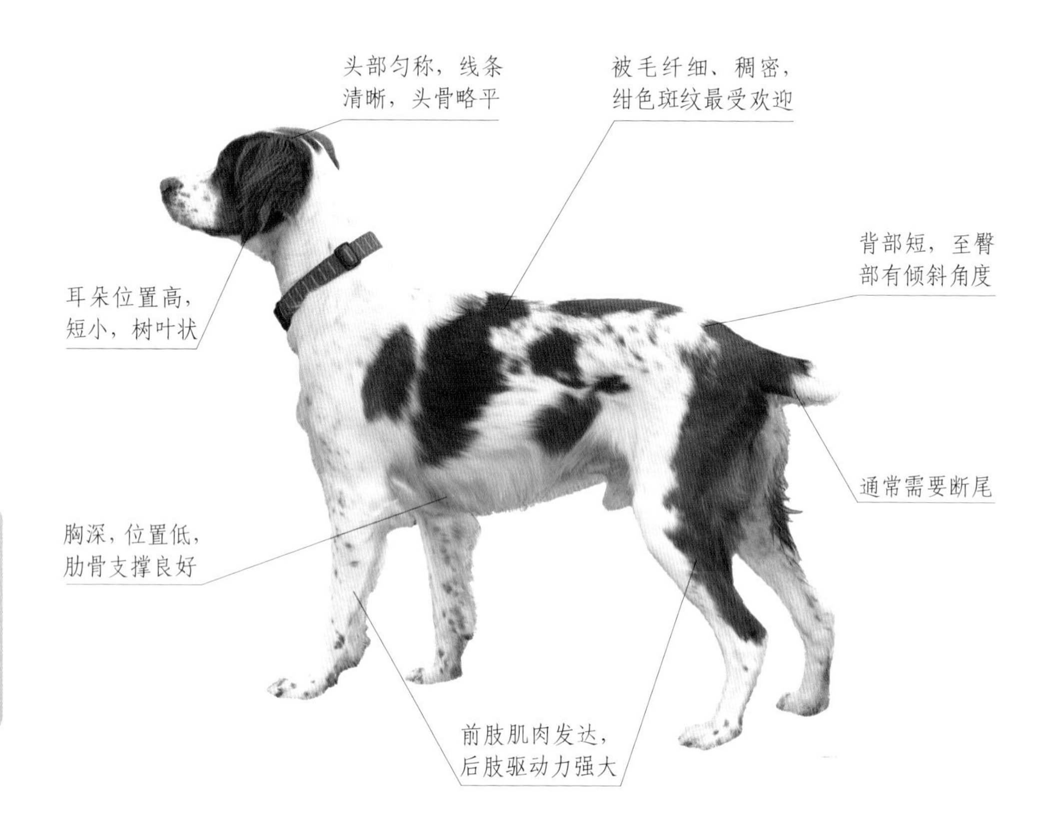

适养人群

布里塔尼犬每天需要大量的运动发泄其旺盛的精力。如同大多数运动犬一样，假如长时间被限制在狭小的空间里，它可能变成噪声制造者与破坏分子。该犬不适合城市公寓饲养，繁忙的上班族和老年人也不宜饲养。

20. 哥顿赛特犬

Gordon Setter

别名：哥顿雪达犬

体型：大型

肩高：58~69 厘米

体重：20~36 千克

原籍：法国

分类：枪猎犬 / 伴侣犬

寿命：12~14 年

参考价格：10000 元以上

性格特点：哥顿赛特犬是一种警惕、欢快、好奇心强而自信的犬种。它聪明勇敢而且反应迅速，对待主人忠诚而挚爱，性格非常稳定，能接受严格的训练。

犬种历史

哥顿赛特犬起源于17世纪，由苏格兰的贵族们培育而成。它汇集了寻血猎犬和柯利牧羊犬等不同犬种的血液，具有漂亮、聪明和敏锐的品质。19世纪中期，哥顿赛特犬被带到了美国，并被广泛接受。通过对哥顿赛特犬的进一步改良，融合了来自英国和北欧一些国家及美国的重要犬种血统。哥顿赛特犬作为宠物犬和忠诚的猎犬，获得了更大的普及。

被毛特征

哥顿赛特犬的被毛柔软而光亮，直或略有波浪，但不能卷曲。耳朵、腹部、背部和尾巴上的毛发较长。被毛的颜色以黑色带棕色斑纹最为普遍，也可以是栗色或桃木色。黑色和棕色被毛之间的边界清晰整洁，没有任何棕色毛发混杂在黑毛中。

运动能力

哥顿赛特犬并不是速度十分快的犬种，但是它显示出的力量和毅力，要比单纯的速度更重要。它的肌肉发达，躯干挺拔，步态粗犷有力，驱动力强大，是一种能力非常强且能整天在野外工作的优秀犬种。

哥顿赛特犬是一种大小合适、结构坚固的犬种

运动需求量	●●●●●	关爱需求度	●●●○○
可训练度	●●●○○	陌生人友善度	●●◐○○
初养适应度	●○○○○	动物友善度	●●●○○
兴奋程度	●●●●◐	城市适应度	●●●○○
吠叫程度	●●●○○	耐寒程度	●●●◐○
掉毛程度	◐○○○○	耐热程度	●●●◐○

体态特征

适养人群

哥顿赛特犬是一种规矩的、极讨人喜欢的家庭宠物犬，对主人非常忠诚，对陌生人则保持警惕。它需要从小进行严格而温和的训练，不能粗暴对待，被毛要经常梳理，每天需要保持大量的运动机会，不太合适城市生活。

21. 金毛寻回犬

Golden Retriever

枪猎犬

别名：黄金猎犬 / 金毛

肩高：51~61 厘米

原籍：苏格兰

分类：枪猎犬 / 伴侣犬 / 工作犬

体型：大型

体重：25~34 千克

寿命：12~15 年

参考价格：1000~3000 元

性格特点：金毛寻回犬性格温顺，几乎没有攻击性，喜欢撒娇，对自己认同的首领会完全服从。金毛寻回犬对陌生人的态度也非常友善，对陌生人的爱抚、亲昵既不紧张也不会拒绝。

犬种历史

金毛寻回犬的历史较短，大约在19世纪，苏格兰人用小型纽芬兰犬、赛特犬、寻血猎犬等优秀犬种，经过多次改良，产生了天生具备猎物衔回能力，且具有敏锐嗅觉的金毛寻回犬。

1932年，AKC正式成立金毛寻回犬协会。随着知名度的不断提高，金毛寻回犬早已风靡世界。2001年，金毛寻回犬被AKC选为十大最受欢迎注册犬种之一，排名仅次于拉布拉多猎犬，风头可谓一时无两。

被毛特征

金毛寻回犬的被毛呈奶油色或金黄色，羽状饰毛可比其他部位色泽略淡。外层被毛硬而有弹性，既不粗糙也不过分柔软，紧贴身体；毛直或波状。前腿后部和身体下有适度的羽状饰毛；颈前部、大腿后部和尾底侧有丰厚的羽状饰毛。

金毛幼犬长相憨厚可爱，十分讨人喜欢

综合评价

金毛寻回犬之所以能够风靡世界，除了漂亮可爱的外表，同时也因为它们天生温驯的个性。金毛寻回犬是一种工作能力很强的猎犬，超强的游泳能力让它能轻而易举地下水衔回猎物。它也是人类最忠实、友善的朋友，经过训练可作为优秀的导盲犬。

项目	评级	项目	评级
运动需求量	●●●○○	关爱需求度	●●○○○
可训练度	●●●●○	陌生人友善度	●●●●○
初养适应度	●●●◐○	动物友善度	●●●●○
兴奋程度	●●○○○	城市适应度	●●●●●
吠叫程度	●○○○○	耐寒程度	●●●◐○
掉毛程度	●●●○○	耐热程度	●●●◐○

体态特征

饲养须知

作为宠物犬，金毛寻回犬适合绝大多数的家庭饲养。由于特殊的皮肤构造和毛发特性，该犬耐寒但无法忍受闷热多湿的环境，需多加注意。可在清晨比较凉爽时带它外出散步，同时，金毛寻回犬很喜欢玩水。在户外饲养时，要将狗屋搬到直射阳光照不到的地方，并随时保持清洁。

22. 美国可卡犬

American cocker spaniel

别名：美卡 / 美国曲架犬

体型：中型

肩高：34~38 厘米

体重：10~13 千克

原籍：美国

寿命：12~15 年

分类：枪猎犬 / 伴侣犬 / 工作犬

参考价格：1000~2000 元

性格特点：美国可卡犬性情温和，开朗活泼，感情丰富，行事谨慎。一方面，它精力充沛，热情友好；另一方面又非常谨慎机警，对主人易于服从，而且十分忠诚。

犬种历史

美国可卡犬原产于美国，其祖先是西班牙的猎鸟犬。大约在 10 世纪初期，由西班牙人带到英国，变成英国种，而后带到美国大量繁殖和改良，成为较小型和美丽的犬。1946 年该犬被公认为新犬种。由于它长相帅气、独特，引起了人们对它的狂热。至今，该犬仍是美国流行的犬中最受欢迎的犬种。

黑色的美国可卡犬在所有颜色中最受欢迎

被毛特征

美国可卡犬的毛色有黑色、褐色、红色、浅黄、银色及黑白混合等色。被毛丰厚密实，呈波浪状。胸、腹部及腿部的被毛常常拖在地上，如不经常梳理，就会粘上灰尘或污垢，甚至结成团，不仅影响美观，还会受到病菌侵害而患病。因此一定要经常为它梳理被毛，每隔一段时间还要替它洗一次澡。

综合评价

美国可卡犬是运动犬组中最小的犬种。整体上，它有完美的平衡感和理想的尺寸。可卡犬拥有相当可观的速度，并且有很好的耐力。最重要的是，可卡犬是自由的、欢快的、华丽的，在运动中显示出很好的平衡，并且表现出很强的工作欲望。

为可卡犬梳理被毛是主人必须的工作

项目	评级	项目	评级
运动需求量	●●○○○	关爱需求度	●●●○○
可训练度	●●●◐○	陌生人友善度	●●●●○
初养适应度	●●○○○	动物友善度	●●●●○
兴奋程度	●●●●○	城市适应度	●●●●●
吠叫程度	●●●◐○	耐寒程度	●●●◐○
掉毛程度	●○○○○	耐热程度	●●●○○

体态特征

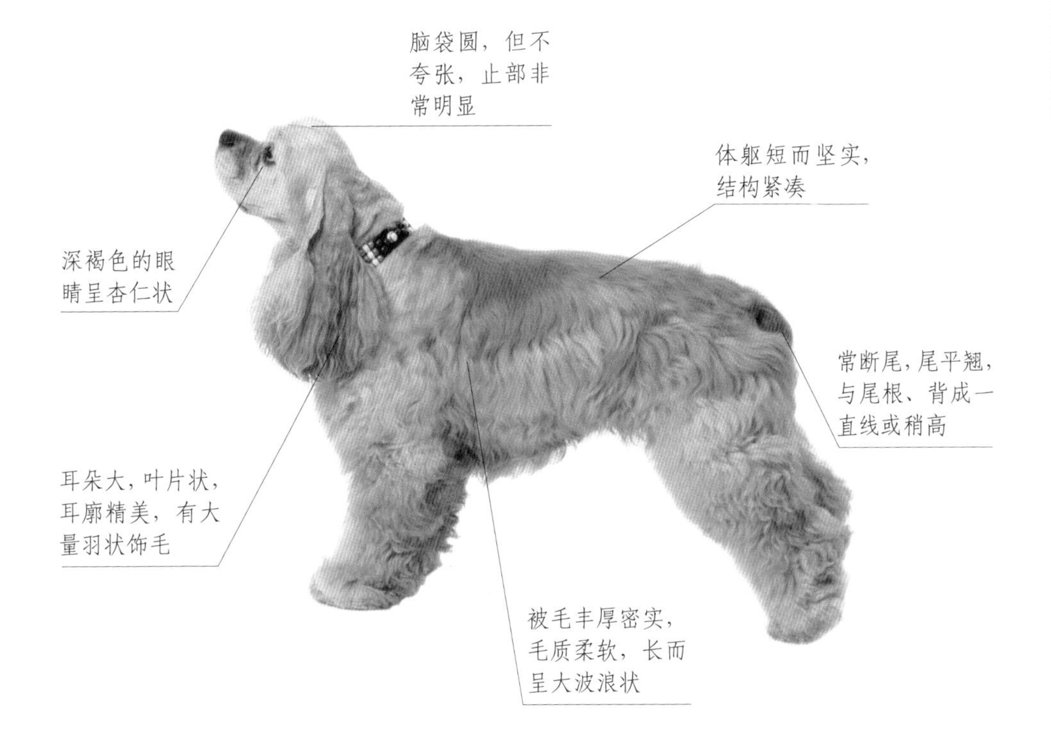

饲养须知

美国可卡犬是十分调皮、精力旺盛的狗狗，它活泼好动，每天应保证适量的运动。另外，可卡犬的吠叫程度略多于其他运动型犬种，公寓饲养时一定要从小加以训练，防止扰民。护理方面，它的毛发容易缠结成团，梳理毛发、清洁卫生都是非常必要的工作。该犬不适合繁忙的上班族饲养。

23. 英国可卡犬

English Cocker Spaniel

别名：英国曲架犬 / 英卡	体型：中型
肩高：38~41 厘米	体重：13~15 千克
原籍：英国	寿命：12~15 年
分类：枪猎犬 / 伴侣犬 / 工作犬	参考价格：1000~2000 元

性格特点：英国可卡犬是欢乐而热情的狗，它性格平静，既不慢吞吞，也不过度亢奋，是一个心甘情愿工作而又可靠迷人的伴侣。它天性善良又极富感情，对主人极为忠诚。

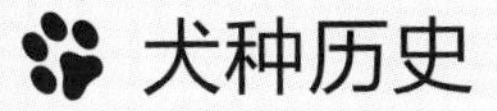

犬种历史

英国可卡犬是已知可卡犬中历史最悠久的一种。早在 1000 多年前的画中就有与该犬十分类似的猶存在。后来这种猶逐步分化为多个品种，其中，英国可卡犬是最为世人所接受的品种，在欧美更是备受宠爱。现代的英国可卡犬，有文字记载的历史是从 1879 年 6 月 14 日第一条英国可卡犬“奥博”的诞生开始的。该犬 4 年后开始在犬展上首次展出。1902 年英国可卡犬俱乐部在英国成立。

综合评价

英国可卡犬是结实的猎犬，骨骼发达而不显得粗糙。该犬在站立或者行动时都十分匀称，任何部分都不过分夸大。它的站姿良好，结构紧凑，步态有力而不受拘束，既能不费力地搜索地面，又能钻进稠密的灌丛以惊起或捡回猎物。总体来说，它是一款力量大于速度，嗅觉灵敏，对狩猎工作充满热情的犬种。

英国可卡犬的表情温和，同时又威严、警惕，是智商非常高的犬种

项目	程度	项目	程度
运动需求量	●●●○○	关爱需求度	●●●○○
可训练度	●●●○○	陌生人友善度	●●●○○
初养适应度	●○○○○	动物友善度	●●●●●
兴奋程度	●●●○○	城市适应度	●●●●●
吠叫程度	●●●○○	耐寒程度	●●●○○
掉毛程度	●○○○○	耐热程度	●●●○○

体态特征

饲养须知

英国可卡犬性格温和，城市适应力强，适合大多数家庭作为伴侣犬饲养。但对可卡犬的训练非常重要，不可任其自然发展，否则容易养成任性与固执的坏毛病。长时间将它关在家里，不给予足够的活动量，它会感到烦躁不安，甚至出现神情呆滞以至生病。建议饲养此犬的主人，最好每天带它出去散步 2~3 次。

24. 拉布拉多猎犬

Labrador Retriever

别名： 拉布拉多 / 拉拉

体型： 中大型

肩高： 54~62 厘米

体重： 25~34 千克

原籍： 加拿大

寿命： 11~13 年

分类： 伴侣犬 / 导盲犬 / 工作犬

参考价格： 1000~2000 元

性格特点：拉布拉多猎犬是个性温顺的中大型猎犬，它聪明听话，易于训练，服从指挥，对老人和小孩都非常温柔。虽然号称猎犬，但它几乎没有攻击性，智商在所有犬类中名列前茅。

拉布拉多猎犬被广泛使用为导盲犬、警卫犬，其嗅觉灵敏度令其他犬种望尘莫及

犬种历史

拉布拉多猎犬起源于加拿大的纽芬兰岛，最早被训练在冰冷的海上将渔网收回和担任搬运工作。一直到 19 世纪，纽芬兰的渔夫们将拉布拉多猎犬贩卖到英格兰，才引起世人的关注。刚开始它被称为小型纽芬兰犬、黑色水猎犬，这是因为该犬与体型较大且有着黑色长毛的纽芬兰犬有血缘关系。拉布拉多猎犬进入英国以后，通过自己的表现受到人们极大的欢迎，蒙兹贝利伯爵将此犬命名为拉布拉多猎犬。

生活习性

拉布拉多猎犬身材健硕，能长时间从事猎取工作。饲养过程中，并不需要十分大的运动量，但它却很喜欢玩水、游泳。通常它不具备其他犬类的麻烦特征，如占地盘、搞破坏、攻击人类或小动物等。

犬种用途

拉布拉多猎犬智商非常高，而且服从性好，经过训练以后，可以作为人类的重要帮手，如作为盲人的导盲犬，作为残障者的协助犬，也可以作为警卫犬协助侦查毒品、爆炸物等。此外，拉布拉多猎犬还是一种对主人不离不弃的优秀伴侣犬。

项目	评分	项目	评分
运动需求量	2/5	关爱需求度	2.5/5
可训练度	4/5	陌生人友善度	4.5/5
初养适应度	3.5/5	动物友善度	4.5/5
兴奋程度	2/5	城市适应度	5/5
吠叫程度	2/5	耐寒程度	4/5
掉毛程度	2.5/5	耐热程度	4/5

体态特征

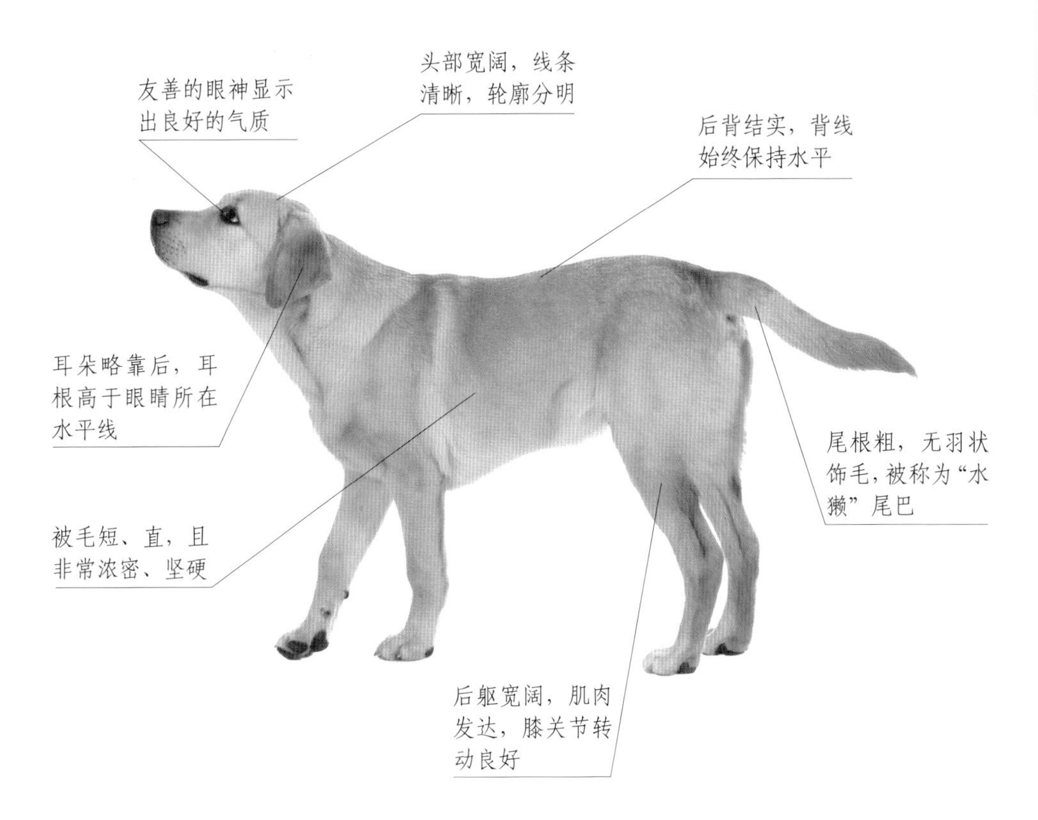

适养人群

拉布拉多猎犬体型适中，对人友善，能够适应公寓生活，是优良的家庭伴侣犬。但若想令其成为生活中的重要帮手，就要从幼犬开始进行严格、科学的训练，帮它改掉坏毛病，使其逐渐适应主人的指令。

25. 英国激飞猎犬

English Springer Spaniel

别名：史宾格犬

体型：中型

肩高：46~51 厘米

体重：16~23 千克

原籍：英国

寿命：10~13 年

分类：枪猎犬 / 伴侣犬 / 警卫犬

参考价格：3000~5000 元

性格特点：英国激飞猎犬性格温和文雅、充满热情，易于驯化，乐于听从主人的指挥。这样的特点有助于主人对它的管理。若经过专业的训练，它也会成为优秀的警用犬。

犬种历史

英国激飞猎犬是一种古老而纯粹的犬种，算得上是最古老的猎犬之一，曾经被认为是猎人最理想的伴侣。它最初的用途是狩猎，在捕猎的过程中，用来寻找、激飞或寻回猎物。17 世纪，该犬在美国开始普及。

19 世纪初期，英国激飞猎犬和可卡犬经常出生在同一个犬窝中，大小是唯一可以区别它们的因素。1880 年，美国猎犬俱乐部按犬的大小来进行分类，任何超过 12.70 千克的犬都被归为激飞猎犬。1902 年，英格兰养犬俱乐部承认英国激飞猎犬为独立的品种。1927 年，美国养犬俱乐部制定了英国激飞猎犬的犬种标准。

生活习性

英国激飞猎犬原本是一种生活在野外的猎鸟犬，所以它需要有很大的活动量，每天最好带出去散步 2 ~ 3 次，才能保证它的健康活力，千万不要将其长时间关在家里，这样会使它烦躁不安，甚至出现神情呆滞以至生病。

综合评价

英国激飞猎犬是大小适中的运动犬，身体紧凑结实，性格活泼，在艰苦的狩猎条件下，它一样能持续工作。在最佳状态时，它富有时尚、匀称、平衡和热情的资质，集美丽和实用为一体，是能区分猎物的优秀猎犬。

英国激飞猎犬一般有两种颜色可以选择，一种是黑白花，另一种是红白花（咖啡色）

运动需求量	●●●●●	关爱需求度	●●◐○○
可训练度	●●●●●	陌生人友善度	●●●◐○
初养适应度	●◐○○○	动物友善度	●●●●●
兴奋程度	●●◐○○	城市适应度	●●●●◐
吠叫程度	●●●○○	耐寒程度	●●●●○
掉毛程度	●●●○○	耐热程度	●●●◐○

体态特征

适养人群

英国激飞猎犬的典型性格是友好、渴望快乐、容易训练和乐于服从。这些特点表明它是一种温顺的狗，能成为很好的家庭伴侣犬。这也是它在欧洲一直都很受欢迎的原因。但它属于典型的运动犬，因此更适合广阔的乡村饲养。老人和上班族不适合饲养此犬。

26. 维兹拉猎犬

Vizsla

别名：威斯拉犬

体型：大型

肩高：57~64 厘米

体重：22~30 千克

原籍：匈牙利

寿命：15~17 年

分类：向导犬 / 觅拾犬 / 伴侣犬

参考价格：3000~5000 元

性格特点：维兹拉猎犬性格沉稳，富有理智，对人顺从且富有亲情，对主人忠诚，对孩子也很温柔，和其他动物相处融洽。在家庭中，它是一个非常容易调教且忠诚的伴侣犬。

犬种历史

维兹拉猎犬被誉为匈牙利的国犬，其历史可追溯至中世纪，据推测，其祖先可能是来自土耳其的黄犬，它也拥有近代指示猎犬的血统；大约于10世纪时，随牧民远渡到匈牙利。该犬可能在到达猎物丰富的匈牙利平原后，逐渐被改良成现在的品种。维兹拉猎犬在第二次世界大战时，一度濒临绝种。1940年，数只维兹拉猎犬被携带至澳大利亚，经过苦心繁殖之后，又再度传到世界各地。

犬种能力

维兹拉猎犬拥有出众的工作能力，最开始用来做枪猎犬，它的导猎能力和觅拾能力都相当出众，最近的20年里，已经向家庭伴侣犬的方向发展。

综合评价

维兹拉猎犬是一种天生的猎犬，拥有良好的嗅觉，善于指示和寻取猎物，接受训练的能力高于一般犬类。它活泼、温和、守规矩，且非常勇敢，具有保护主人的本能。该犬在野外显示出强大的驱动力，但在家庭中却是容易调教的温柔的伴侣犬。

项目	评分	项目	评分
运动需求量	3/5	关爱需求度	2.5/5
可训练度	3.5/5	陌生人友善度	3/5
初养适应度	3.5/5	动物友善度	2.5/5
兴奋程度	2.5/5	城市适应度	3.5/5
吠叫程度	2/5	耐寒程度	3/5
掉毛程度	2.5/5	耐热程度	4/5

体态特征

适养人群

维兹拉猎犬适应城市生活，适应炎热的天气，但耐寒程度相对较差，不需要经常梳理被毛，容易训练。最重要的是，该犬没有遗传疾病，寿命较长，饲养者如有条件给予充分运动的空间，此犬也可以作为家庭伴侣犬。

27. 魏玛猎犬

Weimaraner

别名：德国魏玛犬	体型：大型
肩高：56~69 厘米	体重：32~39 千克
原籍：德国	寿命：10~12 年
分类：嗅觉猎犬 / 伴侣犬 / 枪猎犬	参考价格：5000~20000 元

性格特点：魏玛猎犬拥有高贵的气质，它头脑机智，行动勇敢，性格也较平易近人，喜欢小孩，适应城市生活，工作能力也十分出色，但面对陌生人或其他动物时则十分警觉。

犬种历史

魏玛猎犬具有优雅、匀称的身姿

魏玛猎犬发源于德国，它是一种培育历程较短的犬。早期的魏玛猎犬是德国贵族们在庭院中培育而发展起来的。为了让它适应于各种形式的狩猎，培育者融入寻血猎犬等优良血统，以提供它在嗅觉、速度和智慧方面的能力。

早期的魏玛猎犬发展受到严格的管理，1930 年以前，这种犬仍不允许被携带出德国。后来，许多美国及英国的爱好者终于得到此犬品种，将该犬带入美国，并成立了魏玛猎犬俱乐部，自此，这种高贵的犬种才广为世人所知。

被毛特征

魏玛猎犬拥有十分平易近人的面部表情

被毛是非常短且平滑的纯色，通常是从鼠灰色到银灰色不等。一般来说，在胸部的位置出现小的白色斑纹是允许的，但出现在其他位置就属于缺陷了。

综合评价

总体来说，魏玛猎犬作为伴侣犬所发挥的作用，要优于它作为枪猎犬所发挥的作用，但这种单色的枪猎犬作为工作犬与伴侣犬都受到人们的欢迎。魏玛猎犬通常具有机警、顺从和无畏的个性，是可靠的工作犬，也能够充当完全可靠的看家犬。

运动需求量	关爱需求度
可训练度	陌生人友善度
初养适应度	动物友善度
兴奋程度	城市适应度
吠叫程度	耐寒程度
掉毛程度	耐热程度

体态特征

适养人群

魏玛猎犬精力旺盛，是出色的捕猎能手。但它过于活跃及喜欢吠叫的性格，显然不适合在公寓生活。相比较而言，乡村或者郊区的生活更适合魏玛猎犬的性格。

28. 切萨皮克湾寻猎犬

Chesapeake Bay Retriever

别名：切萨皮克

体型：大型

肩高：53~66 厘米

体重：25~36 千克

原籍：美国

寿命：10~13 年

分类：伴侣犬 / 枪猎犬

参考价格：5000~8000 元

性格特点：切萨皮克湾寻猎犬聪明、快乐、勇敢，乐于完成主人交代的工作，面部永远带有智慧的表情。它步态灵活，喜欢玩水，给人一种精力充沛、充满力量的印象。

犬种历史

关于切萨皮克湾寻猎犬的起源与发展，没有完全和可靠的记载。据说是在17世纪初，由美国马里兰州海岸搁浅船上的两只犬偶然繁衍而成。后来，这种犬经由卷毛寻猎犬和水獭猎犬的交配育种后而更加精良。

切萨皮克湾寻猎犬色彩鲜明，性情愉快

犬种特点

切萨皮克湾寻猎犬可以在复杂艰辛的条件下进行捕猎作业，浓密的毛皮足以抵御美国当地的寒冷气候，而油性的毛皮使这种寻猎犬具有特殊的气味。

切萨皮克湾寻猎犬拥有非常强烈的保护愿望

被毛特征

切萨皮克湾寻猎犬的被毛厚而短，有致密纤细的羊毛样下层被毛。面部和四肢毛发短而直，只有双肩、颈部、背部和腰部毛发呈卷曲状态。

这种猎犬的被毛很特别，有鸭子羽毛一样的功能，当该种犬离开水并抖动时，它的被毛不会沾有水。该犬被毛的颜色与生活环境很相似，褐色、莎草色或枯草色都是天然的自我保护色，也是受人喜爱的颜色。

综合评价

切萨皮克湾寻猎犬体格强壮，具有平稳且充满力量的体形结构，以及合适的体积和灵活性，具备能力型猎犬应具有的所有积极品质。它从不懒惰，是不折不扣的寻猎标兵，也是很合格的家庭伴侣犬。

项目	评分（满分5）	项目	评分（满分5）
运动需求量	4	关爱需求度	1.5
可训练度	4.5	陌生人友善度	1.5
初养适应度	1.5	动物友善度	3.5
兴奋程度	2.5	城市适应度	3.5
吠叫程度	2.5	耐寒程度	4
掉毛程度	2	耐热程度	4

体态特征

适养人群

切萨皮克湾寻猎犬体型较大，需要足够的生活空间。它们精力旺盛，每天都需要大量的运动，因此最适合它们的生活环境是郊区或乡下，不适合公寓饲养，也不适合上班族和老年人饲养。

工作犬：主人的得力助手

工作犬就是帮助人类工作的犬，给人类的工作、生活提供了巨大的帮助。通常它们的体型都比较大，因为它们要帮助人类完成各种“不可能的任务”，例如警卫、拉雪橇、导盲、缉毒、搜索、救援等。所以大部分工作犬都是接受人类长期的选育培养之后才诞生的，例如杜宾犬、罗威纳、纽芬兰犬等都属于服从性和工作能力很强的犬种。

虽然工作犬的智商都很高，但是它们更适合经验丰富的主人，因为体型较大的犬必须经过良好的训练，才能成为人们的好伙伴，否则会很难控制。

29. 大丹犬

Great Dane

别名：德国獒 / 大丹麦犬

体型：大型

肩高：71~76 厘米

体重：46~54 千克

原籍：德国

寿命：8~9 年

分类：守卫犬 / 伴侣犬 / 工作犬

参考价格：5000~10000 元

性格特点：大丹犬被誉为狗世界里的随和巨人，此犬感情丰富，具有体贴、善良的性格。身体庞大的大丹犬，喜欢舒适的生活。如欲将其培养成能力强且服从命令的警卫犬，初期的训练十分必要。

大丹犬与吉娃娃犬在体型上形成巨大反差

犬种历史

大丹犬产于德国，源于丹麦，其英文名字是从法语名称“巨大的丹麦犬”翻译而来。大丹犬作为一个独立的品种，已培育了约400年。与其他的古老品种一样，最初繁育大丹犬是帮助人们工作的，德国人用大丹犬猎野猪。为了捉住野猪，他们需要一种非常大的犬，于是培育出了大丹犬，德国人称之为犬中皇帝。1885年，英国成立了大丹犬俱乐部。1891年，美国的大丹犬俱乐部在芝加哥成立。

步态特点

大丹犬的步态显示出力量和实力，其身体和背线不会摇摆颠簸。背线保持与地面平行。前肢舒展，后肢提供强大、平稳的驱动力。当速度增加时，大丹犬的四肢会自然地向身体中心线收拢。

被毛特征

大丹犬的被毛十分短而且浓密，平滑而有光泽。被毛的颜色有多种：浅黄褐色、黑色、纯青色、黑白斑点。

综合评价

在所有的大型犬中，大丹犬无论从外表或天性都是最优雅、最高贵的，曾被欧洲王室及贵族饲养，是贵族身份地位的象征，被人们视为犬中的阿波罗。

斑点大丹犬非常稀有，也最受欢迎

项目	评分	项目	评分
运动需求量	3.5/5	关爱需求度	1.5/5
可训练度	3.5/5	陌生人友善度	3/5
初养适应度	1.5/5	动物友善度	3/5
兴奋程度	1.5/5	城市适应度	3.5/5
吠叫程度	1.5/5	耐寒程度	3.5/5
掉毛程度	3/5	耐热程度	3/5

体态特征

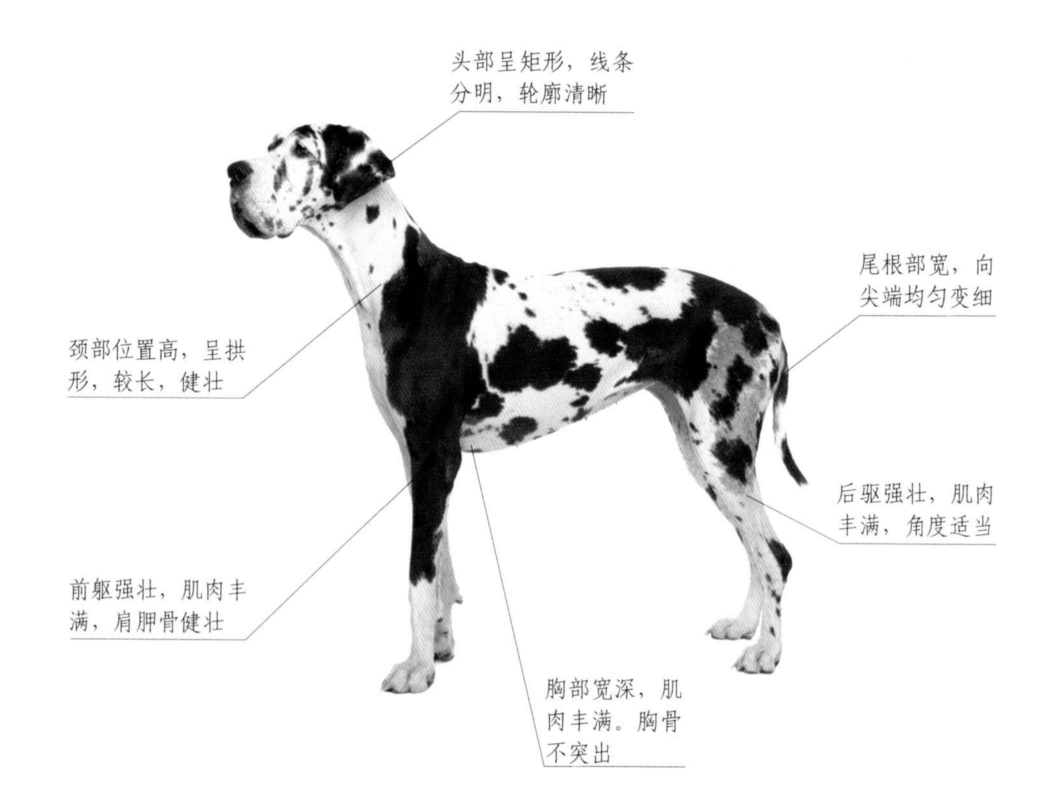

适养人群

大丹犬聪明、勇敢、忠于主人，体型十分高大，直立身高甚至超过普通成年男子的身高。它号称犬中斗士，易于训练。它需要充裕的生活空间，不适合都市公寓饲养。上班族、老人不适合饲养此犬。

工作犬

30. 杜宾犬

Doberman Pinscher

别名：杜宾 / 德国杜宾犬

体型：大型

肩高：68~72 厘米

体重：25~40 千克

原籍：德国

寿命：10~14 年

分类：嗅觉猎犬 / 护卫犬 / 警用犬

参考价格：3000~10000 元

性格特点：杜宾犬性格活泼、警惕、坚定、机敏、勇敢而顺从。另一方面，杜宾犬胆大而坚决，好撕咬，具备一定的攻击性。这些特点决定了它具备一条优秀警用犬的所有条件。

犬种历史

19 世纪末，有一位名叫杜宾曼的捕犬者，为了培养一种凶猛的犬来保护自己的安全，于是便将罗威纳、曼彻斯特犬、波瑟隆犬与灰狗等具有优越攻击性的犬种加以融合，最终培养出一种超级犬。后来，另一位配种专家盖勒对这种超级犬进行了改良，最终成为现在的杜宾犬。1900 年，杜宾犬被正式承认，并制定了详细的标准，而该犬的名字则正是由它们的培育者杜宾曼所命名的。

综合评价

杜宾犬是一种十分凶猛的犬种，主要担当军、警工作，经过训练后，可成为搜索犬、狩猎犬和牧羊犬。对饲养者来说，饲养杜宾犬需要相当大的胆识和勇气。相比于早期的品种，如今的杜宾犬从形体上更为精致和匀称，但战斗力仍然十分了得，无论在警界、战场，或者是看家护院，杜宾犬都是一个优秀的犬种。这也是它一直能入选犬类十大热门犬种的重要原因。杜宾犬性格敏感、聪明，擅长攻击。若饲养者严加管理，可成为忠实、富有感情的伴侣犬。

杜宾犬的身体结构健壮而稳定，被毛平滑而又光泽，看上去非常完美

项目	评分	项目	评分
运动需求量	4.5/5	关爱需求度	1.5/5
可训练度	5/5	陌生人友善度	1.5/5
初养适应度	3/5	动物友善度	2.5/5
兴奋程度	2.5/5	城市适应度	4/5
吠叫程度	2.5/5	耐寒程度	4/5
掉毛程度	3/5	耐热程度	4/5

体态特征

适养人群

杜宾犬是集勇猛、智慧、灵敏于一身的优秀犬种。因此培养杜宾犬的目的绝大多数是用于工作，尤其是军警部门使用率更高，极少有私人饲养，除非是厂矿、工地用来看护设备。该犬需要广阔的活动空间，因此不适合家庭公寓饲养。

31. 阿拉斯加雪橇犬

Alaskan Malamute

别名：阿拉斯加

体型：大型

肩高：58~71 厘米

体重：39~56 千克

原籍：美国

寿命：11~12 年

分类：工作犬 / 雪橇犬

参考价格：1000~3000 元

性格特点：阿拉斯加雪橇犬非常友好，属于“朋友狗”。它是忠诚的伙伴，给人的印象是高贵、成熟。和所有雪橇犬一样，阿拉斯加雪橇犬保持着对人类的极端友好，极易亲近人，富有好奇心和探索精神。

犬种历史

阿拉斯加雪橇犬是最古老的雪橇犬之一。它的名字来自爱斯基摩人的一个部落，这个部落生活在阿拉斯加的西部。部落民族利用阿拉斯加雪橇犬在北极雪地中旅行，还利用此犬猎捕北极熊、狼等动物，由于地处偏远地区，基本与世隔离，使得这一犬种维持了原始意义上的纯血。

自从白人征服阿拉斯加之后，拉着雪橇飞跑的阿拉斯加雪橇犬就成了世人关注的对象。如今，阿拉斯加雪橇犬已经离开了寒冷的阿拉斯加，逐渐走进了普通大众的生活，变成了家里的宠物犬。

综合评价

阿拉斯加雪橇犬结实、有力，肌肉发达而且胸很深，属于工作犬，外形酷似雪狼。速度并不是阿拉斯加雪橇犬的优势，耐力才是它的特长，简单地说，这是一种具有团队合作精神，还有自我牺牲的勇气的优秀工作犬。和其他雪橇犬一样，阿拉斯加雪橇犬一般被认为是不攻击人类的犬种。

阿拉斯加雪橇犬拥有一身致密的、富有极地特征的双层被毛

项目	程度	项目	程度
运动需求量	●●●○○	关爱需求度	●●●○○
可训练度	●●●◐○	陌生人友善度	●●●◐○
初养适应度	●●●○○	动物友善度	●◐○○○
兴奋程度	●●○○○	城市适应度	●●●○○
吠叫程度	●●○○○	耐寒程度	●●●●●
掉毛程度	●●●○○	耐热程度	●●●◐○

体态特征

适养人群

阿拉斯加雪橇犬属于奔跑的犬种，需要大量的运动，饲养者最好为它准备一个足够宽敞的活动场所，不然没有了运动，很容易患上各种疾病。阿拉斯加雪橇犬对环境的要求很高，不甚耐热，且不适合老年人和上班族饲养。

32. 马士提夫獒犬

Mastiff

别名：大獒 / 马士提夫

体型：巨型

肩高：70~91 厘米

体重：68~86 千克

原籍：英国

寿命：9~11 年

分类：嗅觉猎犬 / 护卫犬 / 警用犬

参考价格：10000 元以上

性格特点：马士提夫獒犬忠实稳重，聪明和善。在国外，被人们视为家庭的成员，是感情丰富的家庭犬。另一方面，作为家庭护卫者，对待充满敌意的来者，该犬也具有强烈的攻击性。

马士提夫獒犬是一种高大、魁梧、结构紧密匀称的狗，它给人的印象是庄严而高贵

犬种历史

马士提夫獒犬是最古老的犬种之一。3000 年前，在古埃及的绘画上即有近似獒犬的画像。据说此犬是随商人由埃及进入英国的。公元前 55 年，凯撒侵略英国时即使用此犬作战。因其勇猛好战的性格，被称为“战士”，如今则和大丹犬并列“随和的巨犬”。

被毛特征

外层披毛直、粗硬且长度略短。底毛短而浓密，平贴身体。腹部、尾巴、后腿的被毛不能太长，被毛过长或呈波浪状都被视为缺陷。毛色以驼色、杏色为准。

步态气质

马士提夫獒犬的步态沉稳，显示出力量和强度，后腿提供足够的动力，而前腿步伐平稳、伸展良好。运动中，四肢笔直向前；当速度增加时，足爪向身体中心线靠拢，以保持平衡。无论静态或运动，马士提夫獒犬都能显示出高贵、庄严的气质。如果出现羞怯或者凶恶的表现，则属于明显的缺陷。

运动需求量	●●●○○	关爱需求度	●○○○○
可训练度	●●●○○	陌生人友善度	●●○○○
初养适应度	●○○○○	动物友善度	●●●○○
兴奋程度	●○○○○	城市适应度	●●●●○
吠叫程度	●○○○○	耐寒程度	●●●●○
掉毛程度	●●●○○	耐热程度	●●●●○

体态特征

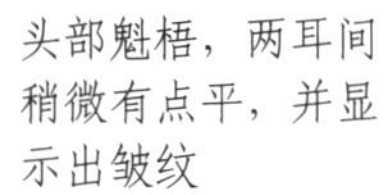

适养人群

马士提夫獒犬酷爱大自然，需要足够的空间跑步锻炼，所以一般不适合居住公寓的家庭饲养。需要注意的是，虽然马士提夫獒犬一般很随和，对主人也很忠心，但仍须小心应付，因为它实在是太强壮了，对孩子的安全有威胁。

33. 拳师犬

Boxer

别名：拳师

体型：中型

肩高：53~63 厘米

体重：25~32 千克

原籍：德国

寿命：8~10 年

分类：畜牧犬 / 守卫犬 / 伴侣犬

参考价格：5000~20000 元

性格特点：拳师犬对主人忠诚，喜好嬉闹，感情丰富，有强烈的自制心，而且不记仇，即便年老时仍然可以充满活力。它喜欢小孩，十分适合家庭生活，高兴时全身会不断地摇晃。

犬种历史

拳师犬是一种古老犬种。大约从16世纪开始，拳师犬在经过一系列的品种改良后，逐渐得到世人的认识，当时主要用来攻击野牛、猎鹿等。在斗犬非法化之前，拳狮犬也被用来做斗犬。如今，拳狮犬已经成为社会的一员，但仍保留着非凡的勇气和防卫能力。

1904年，美国养犬俱乐部首次将拳狮犬登记在册。但直到1940年，美国人才真正开始喜欢这种犬，这可能得益于一些拳狮犬在犬展中赢得了高分。第二次世界大战后，该犬不但在美国、英国有一定影响，同时在世界各地广泛用于家庭犬及警卫犬，深受人们的喜欢。

综合评价

拳师犬是具有特殊容貌的犬种之一，气质极佳，容易让人产生好感，尤其是它的口吻呈方形，钝状，卡通感十足，很容易让人记住。

该犬喜欢嬉闹，对主人忠心不二，即使到晚年时，也不会变得狡猾，但对陌生人保持警戒心。它的精力特别充沛，为了保证外形和健康的最佳状态，饲养者必须经常对其进行长距离的运动训练。

拳师犬具有非常优异的工作能力，可用作警犬、护卫犬，也可用作导盲犬。由于其服从性好，因此也是一种很好的家庭伴侣犬。美中不足的是，这种犬寿命较短，一般不超过10岁。

项目	评分	项目	评分
运动需求量	●●●○○	关爱需求度	●●○○○
可训练度	●●●○○	陌生人友善度	●●○○○
初养适应度	●●◐○○	动物友善度	●●◐○○
兴奋程度	●●●●○	城市适应度	●●●●●
吠叫程度	●●◐○○	耐寒程度	●●◐○○
掉毛程度	●○○○○	耐热程度	●●●◐○

体态特征

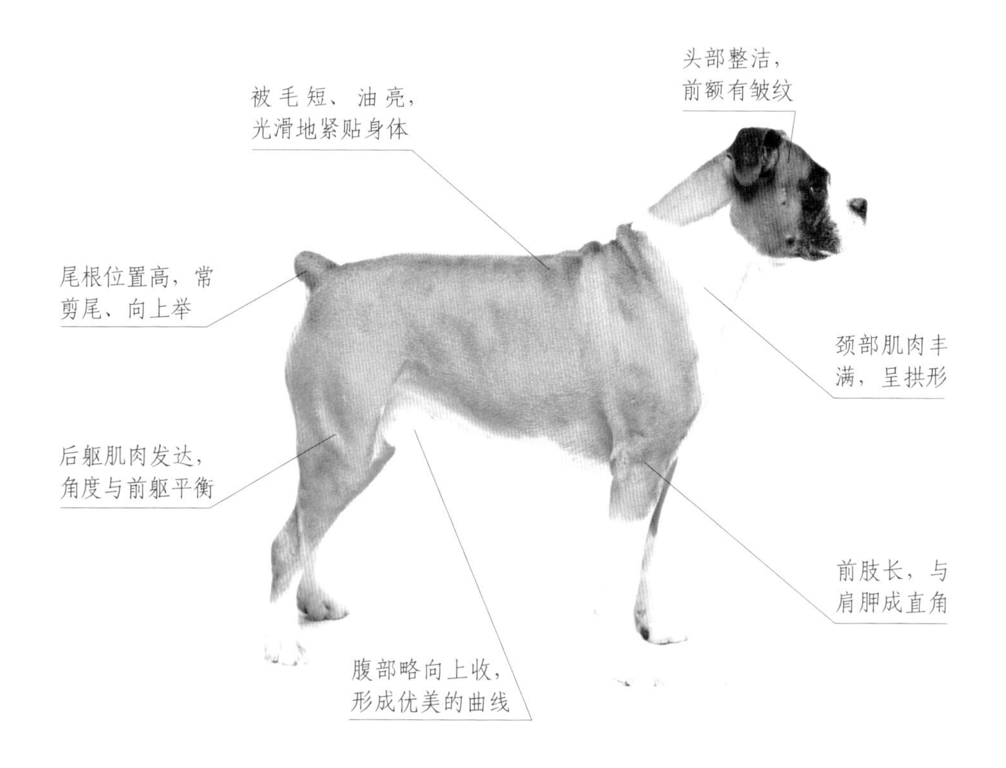

适养人群

拳师犬是极好的伴侣犬，能很好地适应城市生活，适合居住在公寓、别墅，但前提是要给它提供足够的活动空间，散步是必不可少的户外活动方式之一，老年人和繁忙的上班族不适合饲养此犬。

34. 伯恩山犬

Bernese Mountain Dog

别名：伯尔尼兹山地犬　　体型：大型

肩高：58~70 厘米　　体重：40~44 千克

原籍：瑞士　　寿命：9~12 年

分类：畜牧犬 / 工作犬 / 伴侣犬　　参考价格：3000~8000 元

性格特点：伯恩山犬自信、警惕、和善，不神经质或害羞。面对陌生人，伯恩山犬会坚定地站在原处，保持冷淡。它非常聪明，而且耐力好，不好斗，忠实易驯，是优良的家庭犬。

伯恩山犬胸前的白色斑纹显得非常帅气

被毛特征

伯恩山犬的被毛浓密，中等长度、略显光亮或整齐。 伯恩山犬是三色犬，基本色为深黑色，斑纹颜色为丰富的铁锈色和干净的白色。

综合评价

伯恩山犬是极优秀且受欢迎的品种，是现存瑞士产的四种山犬之一。它体格庞大，但从不烈性，看上去非常斯文。它的步态是缓慢的小跑，而不是突然的奔跑。只有在驱赶畜群时，它才可能更快一些、更灵活一些。几乎每一只伯恩山犬都有很强的与主人沟通的欲望，被视为极具特色且拥有高度智慧的犬种。总而言之，这是一种十分文静、让人震撼的完美家庭犬。

犬种历史

2000 多年前，罗马军队将伯恩山犬的祖先带到瑞士，后来和瑞士本地的牧羊犬进行异种交配，产生了四个品种的山犬，伯恩山犬便是其中之一。伯恩山犬是一种较好的工作犬，能很好地充当畜牧犬和运输犬。初期，在瑞士伯恩地区就是用它来从事拉货工作。

19 世纪中期，伯恩山犬的数量开始下降，20 世纪初几乎濒临灭绝，只有少量的纯种犬残留下来，并与短毛圣伯纳犬交配繁衍。1907 年，伯恩山犬俱乐部在瑞士成立，此犬才得以延续发展。如今，伯恩山犬已经受到越来越多爱犬人士的欢迎。

伯恩山犬很温柔，几乎没有攻击性

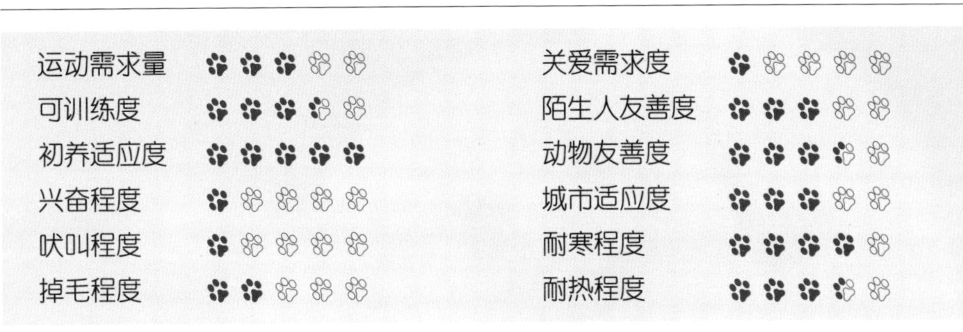

项目	评分	项目	评分
运动需求量	●●●○○	关爱需求度	●○○○○
可训练度	●●●◐○	陌生人友善度	●●●○○
初养适应度	●●●●●	动物友善度	●●●◐○
兴奋程度	●○○○○	城市适应度	●●●○○
吠叫程度	●○○○○	耐寒程度	●●●●○
掉毛程度	●●○○○	耐热程度	●●●◐○

体态特征

适养人群

伯恩山犬对小朋友和其他动物都十分温柔，它对人性的感应力十分强，所以亦是一只完美的家庭犬。虽然体型较大，但不需要剧烈的运动，每日与主人一同散步就可满足它的运动需要，但不适合公寓饲养。

35. 大白熊犬

Great Pyreness

工作犬

别名：比利牛斯山犬

肩高：65~81 厘米

原籍：法国

分类：畜牧犬 / 护卫犬 / 警用犬

体型：大型

体重：45~60 千克

寿命：10~12 年

参考价格：2000~5000 元

性格特点：大白熊犬的身体健壮而协调，庄严雄伟，有帝王般的仪态。它充满自信、温和友善、沉着耐心、责任心强、忠诚勇敢，是当今最有力量的犬种，在各种气候条件下都能忠诚地坚守工作岗位。

犬种历史

大白熊犬是一种具有悠久历史的犬种。在欧洲，它一直生活在比利牛斯山一带。大约从 17 世纪开始，大白熊犬被引入法国宫廷，担当守卫工作，而后成为贵族们的宠物犬。1824 年，第一对大白熊犬被带到美洲大陆。很快，这种气质高贵的高大犬种就得到了许多爱犬人士的认可。1933 年，美国养犬俱乐部正式承认大白熊犬为纯种犬。如今，在美国养犬俱乐部登记的犬中，该犬始终排名前列。

被毛特征

被毛白色或以白色为主，夹杂了灰色、红褐色或深浅不同的茶色斑纹，但杂色斑纹不超过身体的 1/3。被毛是由两层毛组成的，能抵御任何恶劣气候。

综合评价

大白熊犬是一种身材硕大的犬种，不特别胖也不特别瘦，但因有一身浓密的被毛就显得特别巨大，给人一种“狮子王”般的气质，尤其是它走路的姿态平稳而优雅，直线行走的步态显示出力量与高贵，这也是它始终受到欢迎的重要原因。

大白熊犬被人们誉为“比利牛斯山会移动的雪堆”

项目	评分（满分5）	项目	评分（满分5）
运动需求量	3	关爱需求度	1.5
可训练度	1.5	陌生人友善度	2
初养适应度	1.5	动物友善度	2.5
兴奋程度	1.5	城市适应度	3
吠叫程度	1.5	耐寒程度	4
掉毛程度	1	耐热程度	3.5

体态特征

工作犬

适养人群

大白熊犬体型巨大，不适合公寓饲养，即便它对待小孩很温柔，依然可能吓到孩子，因此不建议城市饲养。饲养该犬需要很大的居住空间，最好有独立的院子。若在广阔的乡下及郊区，大白熊犬则是非常好的伴侣犬。

36. 西伯利亚雪橇犬

Siberian Husky

别名：哈士奇

肩高：51~60 厘米

原籍：西伯利亚

分类：雪橇犬 / 工作犬 / 绒毛犬

体型：中型

体重：45~60 千克

寿命：10~12 年

参考价格：1000~3000 元

性格特点：西伯利亚雪橇犬性格多变，喜欢玩耍，还有点可爱的神经质。进入家庭的西伯利亚雪橇犬，都已经没有了野性，比较温顺。它喜欢和主人玩耍，热情可爱的性格十分讨人喜欢。

西伯利亚雪橇犬的鸳鸯眼并不属于失格

西伯利亚雪橇犬外形酷似狼，但却没有狼的野性

犬种历史

西伯利亚雪橇犬是世界上最古老的犬种之一，在西伯利亚东北部的原始部落楚克奇族人，用这种外形酷似狼的西伯利亚犬作为最原始的交通工具来拉雪橇或协助捕猎、保护村庄。由于该犬体型小巧结实，胃口小，无体臭且耐寒，非常适应极地的气候环境，因而成为当地人的重要财产。几个世纪以来，西伯利亚雪橇犬一直生长在西伯利亚地区。

18 世纪初，西伯利亚雪橇犬被养犬爱好者带入美国。1909 年，西伯利亚雪橇犬第一次在阿拉斯加的犬赛中亮相，因一举拿下拉雪橇的竞赛冠军而名声大噪。1930 年，西伯利亚雪橇犬俱乐部得到了美国养犬俱乐部的正式承认。如今，该犬作为优良的伴侣犬备受人们喜爱。

眼睛特点

西伯利亚雪橇犬的眼睛颜色通常是棕色、浅褐色或蓝色的。但也会出现鸳鸯眼的情况，即一只眼睛是棕色或浅褐色的，而另一只却是蓝色的；或者一只眼是蓝色的，而另一只眼的虹膜是杂色的，即虹膜异色症。在被人们普遍豢养的犬种里，西伯利亚雪橇犬是少有的两只眼睛可以有不同颜色的犬种。

运动需求量	关爱需求度
可训练度	陌生人友善度
初养适应度	动物友善度
兴奋程度	城市适应度
吠叫程度	耐寒程度
掉毛程度	耐热程度

体态特征

适养人群

西伯利亚雪橇犬的典型性格是温柔可爱，喜欢交往，不攻击人类和其他动物，因此很适合作为家庭宠物犬饲养，城乡均可，宽敞为佳，如空地较多的小区，或者有围栏的院子。但不适合老年人和休闲时间不多的上班族饲养。

37. 巨型雪纳瑞

Giant Schnauzer

别名：巨雪 / 慕尼黑髯犬

体型：大型

肩高：59~70 厘米

体重：32~35 千克

原籍：德国

寿命：11~12 年

分类：畜牧犬 / 警用犬

参考价格：5000~20000 元

性格特点：巨型雪纳瑞热情、机警，聪明、可靠。它沉着、警觉、勇敢、容易训练，对家庭非常忠实。巨型雪纳瑞安静时显得和蔼，警觉时显得有支配力，是一种多用途的工作犬。

犬种历史

雪纳瑞犬有三个品种，分别为巨型、标准型和迷你型。巨型雪纳瑞是三种雪纳瑞中最大型的。巨型雪纳瑞起源于德国南部的巴伐利亚高原，与弗兰德牧羊犬有血缘关系，但它的黑色体毛和竖起的直立耳，则是标准雪纳瑞犬与大丹犬交配后显现出来的特征。

早在 15 世纪，在巴伐利亚的高原上，巨型雪纳瑞就被用来驱赶牲畜群，后来曾被警方和军队作为警卫犬。它在许多方面胜过猎犬。时至今日，法国警察仍习惯延用古例，以它作为搜索、攻击用的警犬。此外，由于该犬体型巨大而不失高贵的美感，因此也是受人喜爱的伴侣犬。

综合评价

巨型雪纳瑞与标准雪纳瑞十分相似，从一般外观来看，简直就是一个巨大的、有力的标准雪纳瑞的翻版。它精力充沛、结构稳固，拥有健康而可信赖的气质、貌似粗糙的外表、能应付各种气候的浓密刚毛，使这一品种成为力量和耐力俱佳，具有一种或多种用途的工作犬。

巨型雪纳瑞犬的奔跑姿态舒展、平稳且有力，前躯伸展良好而后躯驱动有力

运动需求量	关爱需求度
可训练度	陌生人友善度
初养适应度	动物友善度
兴奋程度	城市适应度
吠叫程度	耐寒程度
掉毛程度	耐热程度

体态特征

适养人群

巨型雪纳瑞属于㹴类犬，该犬精力充沛、活泼、勇敢、警惕，同时也是易驯服的。此犬对生活空间和运动量有需求，因此狭小的公寓不是非常适合饲养。工作繁忙的上班族没有足够的时间照顾它们，也不适合饲养。

38. 大瑞士山地犬

Greater Swiss Mountain Dog

别名：无

肩高：60~72 厘米

原籍：瑞士

分类：畜牧犬 / 工作犬 / 警卫犬

体型：大型

体重：59~61 千克

寿命：10~11 年

参考价格：3000~5000 元

性格特点：大瑞士山地犬性格沉稳、威严，警惕而又惊觉。它行动勇敢，反应敏捷，任劳任怨，是十分可靠的工作犬。另一方面，它也是个十分安静的大块头，易于训练。

犬种历史

大瑞士山地犬距今已有1000多年的历史，在瑞士的四种猎犬中，大瑞士山地犬是体型最大、年代最古老的一种。该犬是大型斗牛獒犬最早的后代之一，在瑞士的偏远地区，大瑞士山地犬一直以来被农场主用于放牧牲畜、守卫和拉车。19世纪末，大瑞士山地犬一度到了快要灭绝的境地。1908年，犬类学家艾伯特通过种种努力，将这一优秀的犬种保留并拯救下来。1995年，美国养犬俱乐部正式接纳大瑞士山地犬为工作犬。如今，该犬已经越来越受到人们的欢迎。

大瑞士山地犬是巨大、有力、外观坚定的狗

大瑞士山地犬外形与伯恩山犬非常相似

被毛特征

大瑞士山地犬有着光滑平顺的被毛。毛色主要由黑色、白色和棕褐色组成。棕褐色区域以黑或白斑分布边界。白色部分形成的白斑延伸到胸部，另外，脚趾和尾巴末端也有白色。

综合评价

大瑞士山地犬体型硕大，看上去非常强壮，再加上一身漂亮光滑的被毛，整体感官干净利落、活力四射。它拥有着得天独厚的身体条件，能让它在工作中出色地完成任务。

项目	评分	项目	评分
运动需求量	●●●◐○	关爱需求度	●●◐○○
可训练度	●●●●○	陌生人友善度	●●◐○○
初养适应度	●●◐○○	动物友善度	●●●◐○
兴奋程度	●●◐○○	城市适应度	●●●○○
吠叫程度	●●○○○	耐寒程度	●●●●○
掉毛程度	●○○○○	耐热程度	●●●○○

体态特征

适养人群

大瑞士山地犬主要用作放牧犬，也可作为家庭护卫犬。它精力充沛，不知疲倦，无论白天还是夜晚均能保持旺盛的精力，弹跳力很好。此犬需要较大的活动场地，不太适合城市居民饲养。

39. 罗威纳犬

Rottweiler

别名：洛威拿 / 罗威

体型：大型

肩高：58~69 厘米

体重：38~59 千克

原籍：德国

寿命：9~11 年

分类：护卫犬 / 伴侣犬 / 工作犬

参考价格：5000~8000 元

性格特点：罗威纳犬的性格一如其雄壮的外表，沉稳自信，聪明懂事，对主人绝对忠诚，喜欢时时刻刻都能看到主人。罗威纳犬训练难易度一般，要在幼犬时就严格调教，否则成年后主人很难控制。

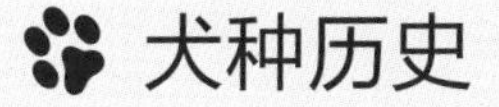

犬种历史

罗威纳犬的来源没有明确的记录，大多数犬类专家的观点是罗威纳犬是古罗马牧羊犬的后代。这些古罗马牧羊犬随着军队来到了德国的小镇罗维特尔，并与当地的犬种进一步融合，培养出后来的罗威纳犬。19 世纪中期，拖拉机和火车代替了犬拉车，“失去工作”的罗威纳犬开始逐渐衰落，因为它们没有存在的理由了。

第一次世界大战时期，罗威纳犬因其优秀的工作能力被很多地方培养为警犬，这让它重新兴盛起来。1971 年，美国罗威纳犬俱乐部成立，并在 1981 年举办了第一届罗威纳犬单一品种的犬展。罗威纳犬继承了祖先在罗马时代极受推崇的特征，并在今天赢得了很高的声誉。

综合评价

罗威纳犬属于猛犬一族，在犬类的战斗力排名上一直位居前列。该犬攻击时冲击力猛、咬合力强，撕扯凶狠，对恶意的入侵者十分凶猛，是世界上最具有勇气和力量的犬种之一。也正因为这一特点，它特别适合作为家庭护卫犬和警卫犬。罗威纳犬的兴奋度十分高，比普通牧羊犬高 1 倍，一般可保持 1 小时以上的兴奋时间。为了更好地控制罗威纳犬的情绪，使其服从命令，饲养者必须对其进行严格训练。

运动需求量		关爱需求度	
可训练度		陌生人友善度	
初养适应度		动物友善度	
兴奋程度		城市适应度	
吠叫程度		耐寒程度	
掉毛程度		耐热程度	

体态特征

适养人群

罗威纳犬是一种体型庞大、强壮有力的护卫犬，这使它在活动时显得精力充沛，一头普通大小的成年罗威纳犬可以轻易地或不经意地把一个人撞倒，因此，罗威纳犬不适合老年人、身体虚弱的人或者小孩饲养。

40. 秋田犬

Japanese Akita

别名：日系秋田犬

体型：大型

肩高：60~71 厘米

体重：34~54 千克

原籍：日本

寿命：11~15 年

分类：狩猎犬 / 伴侣犬 / 工作犬

参考价格：8000 元以上

性格特点：秋田犬对主人和家庭忠实，性格非常稳重、对家里人温顺，在日本一直被视为拥有最佳人缘的犬。另一方面，秋田犬仍然保留着原始猎犬的攻击性，体型越大，显现的攻击性就越强，公犬尤其明显。

犬种历史

秋田犬是日本的国犬，起源于17世纪的日本秋田县。当时的日本贵族为了培养出一种攻击性能更好的犬种，将猎兽犬与秋田地区的土犬进行交配，得到了秋田犬的原种。日本贵族将这种犬训练成优秀的猎熊犬，除了协助猎熊外，它还被利用来捕鹿和野猪。

20世纪初昭和年间，日本国内开始逐步禁止斗犬，秋田犬饲养量剧减，后经有人提倡保护而被誉为国犬。1931年，秋田犬正式被认定为日本的国家珍贵动物。

综合评价

秋田犬拥有灵敏的视力和嗅觉，加之身体强壮，耐力好、速度快，非常适宜捕猎工作。它还有好斗的天性，但经过长期改良，如今已经作为家庭犬饲养。

在日本，人们将秋田犬视为忠实的伴侣和身体健康的象征。当一个家庭有孩子降生时，他们通常会收到一尊秋田犬的小塑像，象征着健康、快乐和长寿。如果有人病了，朋友们会送他秋田犬的雕像祝福他早日康复。秋田犬与家庭成员的关系非常亲密，很久以来，日本的母亲可以放心地将孩子交给秋田犬照料。无论何时，只要家庭受到威胁，秋田犬都会站出来保护。

秋田犬偶尔会追逐小动物，但对人类和孩子非常友好

运动需求量	关爱需求度
可训练度	陌生人友善度
初养适应度	动物友善度
兴奋程度	城市适应度
吠叫程度	耐寒程度
掉毛程度	耐热程度

体态特征

饲养须知

秋田犬对主人和家庭成员都非常温顺、忠诚，它的性格非常稳重、安静，所以在日本非常受欢迎。秋田犬不需要太大的活动量，很适合家庭饲养，但它毕竟是一个身材高大的家伙，饲养时一定要考虑空间的大小。

41. 萨摩耶犬

Samoyed

别名：萨摩犬 / 西摩犬　　体型：中型

肩高：48~59 厘米　　体重：23~30 千克

原籍：西伯利亚　　寿命：12~15 年

分类：工作犬 / 绒毛犬 / 雪橇犬　　参考价格：1000~5000 元

性格特点：萨摩耶犬不仅拥有漂亮的外表，还拥有文雅的性格，它聪明、友好、活跃、适应力强、热衷于服务，有时候还很调皮，喜欢捣乱，但从来不主动招惹或者向其他动物发起挑衅。

萨摩耶犬属于跑走型动物

犬种历史

萨摩耶犬以西伯利亚牧民族萨摩人而命名，一向被用来拉雪橇和看守驯鹿。萨摩耶犬并不像其他犬类那样经过不断改良而最终定型为现在的犬种。萨摩耶犬拥有自己独特的特征，似乎已经证明了它拥有着原始犬的纯正血统。

1892 年，萨摩耶犬首次在英国犬展上亮相，其漂亮的外表、强健的体魄引起了很大的轰动，那是英国人第一次看到这个优秀的犬种。后来，一个叫斯科特的商人源源不断地将萨摩耶犬引入英国，并加以改良和定性，如今这款漂亮的犬种早已走出寒冷的西伯利亚，成为世界上最著名的犬种之一。

生活习性

萨摩耶犬喜欢群居的生活，而且总会有一只萨摩耶作为这个群体的首领管辖或者支配它们。萨摩耶犬的领域观念非常强烈，并习惯用尿尿来标记它的“势力范围”。该犬常以自己为中心，用自己的气味标出地界，并经常更新，一块领地只可属于一两只萨摩耶犬或整个犬群。

综合评价

漂亮无疑是对萨摩耶犬最好的评价，当然除了漂亮，它还有很多优点让爱犬人士更喜欢饲养它。譬如，它很温顺，从不轻易招惹“别人”，包括其他的宠物和人群。在遇到其他动物时总是文文静静地待着，只要对方不招惹它，它就绝对不会主动挑衅。

萨摩耶犬拥有一身雪白的皮毛和黑色的眼睛

项目	评分	项目	评分
运动需求量	●●●○○	关爱需求度	●●●○○
可训练度	●●◐○○	陌生人友善度	●●○○○
初养适应度	●◐○○○	动物友善度	●●◐○○
兴奋程度	●◐○○○	城市适应度	●●●●○
吠叫程度	●◐○○○	耐寒程度	●●●●○
掉毛程度	●○○○○	耐热程度	●●●◐○

体态特征

适养人群

萨摩耶犬很在乎生活环境，它不畏惧寒冷，但非常怕热。夏天需要饲养在空调房内。它爱好运动，喜欢户外生活，所以每天带它出去散步是必要的。另一方面，由于萨摩耶犬性情温顺、乖巧，能与其他动物和平共处，适合很多家庭饲养。

42. 圣伯纳犬

Saint Bernard

别名：圣伯纳德犬 / 阿尔卑斯山獒　　体型：超大型

肩高：65~90 厘米　　体重：50~90 千克

原籍：瑞士　　寿命：8~10 年

分类：畜牧犬 / 工作犬 / 守卫犬　　参考价格：3000~8000 元

性格特点：圣伯纳犬体型巨大，但个性十分温顺，容易亲近，喜欢与人一起生活嬉戏。它忠于主人，容易训练，如果给予足够的空间、食物、运动量，就可以成为很好的家庭犬。

犬种历史

圣伯纳犬因阿尔卑斯山之圣伯纳修道院而得名。其祖先来自丹麦，后来在瑞士发展而得以闻名。该犬有着悠久的历史，据说很早以前，圣伯纳犬因为守护那些穿越危险的阿尔卑斯山的旅客而闻名。18 世纪，圣伯纳修道院的教士们开始饲养此犬作为向导犬，寻找那些在阿尔卑斯山迷路失踪的人。到了 19 世纪中叶，该犬的数量越来越少，几乎到了灭种的地步。现在的圣伯纳犬大多是杂交品种，为防止近亲繁殖，育种者加入了苏格兰犬的血缘，产生了现在毛茸茸的犬种。

综合评价

圣伯纳犬是一种名副其实的巨型工作犬，体重能达 100 千克，身高可高达 1 米。它最主要的工作就是雪地救生。据说，每当暴风雪来临的时候，也是圣伯纳犬大显身手的时候，它们曾在茫茫雪原中救出过无数的遇险者。作为救生犬，圣伯纳犬通常在颈项周围挂一个白兰地桶。这些白兰地用于救援人员到来前温暖被困在雪崩中的人们。如今这种犬已经走出了雪山，成为一种越来越受人喜欢的温和的巨型家庭犬。整体来说，圣伯纳犬是深受人们喜爱和赞赏的犬种之一。

圣伯纳犬以其在阿尔卑斯山地区诸多的救援传说和超大的体型闻名于世

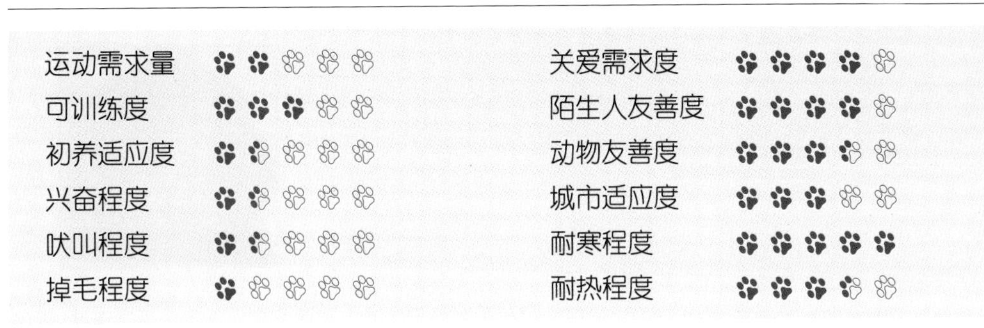

体态特征

适养人群

圣伯纳犬虽然拥有温顺的性格，也不需要很大的运动量，但它还是不适合在城市公寓内生活，因为它的体型实在太庞大了。即便它不去攻击别人，也很有可能吓到小朋友。它最好的生活环境还是宽敞的乡村。

43. 纽芬兰犬

Newfoundland

别名：无

肩高：66~71 厘米

原籍：加拿大

分类：畜牧犬 / 工作犬 / 救助犬

体型：大型

体重：50~68 千克

寿命：9~15 年

参考价格：5000~10000 元

性格特点：纽芬兰犬是所有犬种中最友好的品种之一。它温顺可爱，文雅柔和，是一种性情甜蜜的狗。别看它体型巨大，但它既不笨拙，也没有坏脾气，是一个忠诚的、深情的伴侣犬。

纽芬兰犬巨大的体型并不影响它成为犬中的游泳高手

犬种历史

纽芬兰犬的原产地在加拿大东北部的纽芬兰地区，关于它的起源一直没有明确的记载。一些人认为纽芬兰犬是印第安野狗的后代，另一些人则认为它们同加拿大拉布拉多犬血缘相近，还有人说纽芬兰犬的祖先是大白熊犬，被巴斯克人带到纽芬兰海岸。不管纽芬兰犬的起源如何，大家都认同的是，这种犬的故乡是纽芬兰，其祖先应该是一种非常适于生长在纽芬兰的犬。

综合评价

纽芬兰犬体型巨大，威风凛凛，看上去就像一头小熊，但它却是个温文尔雅的大块头。它拥有夸张的、沉重的被毛，身体非常和谐，肌肉发达，骨骼沉重，浑厚结实。给人的第一印象就是既威武又憨厚。

纽芬兰犬是一种多用途的工作犬，无论陆地还是水里，它都能出色地完成任务。早期的纽芬兰犬一般被用来拖拉渔网，牵引小船靠岸，驮送货物。它还是非常优秀的水上救援犬，擅长救援落水者。如今，纽芬兰犬已经转化成为漂亮可爱的、富有感情和令人快乐的伴侣犬。

项目	评级	项目	评级
运动需求量	●●●●○	关爱需求度	●●●●●
可训练度	●●●◐○	陌生人友善度	●●●●◐
初养适应度	●●○○○	动物友善度	●●●●◐
兴奋程度	●●○○○	城市适应度	●●●◐○
吠叫程度	●●○○○	耐寒程度	●●●●●
掉毛程度	●●●○○	耐热程度	●●●◐○

体态特征

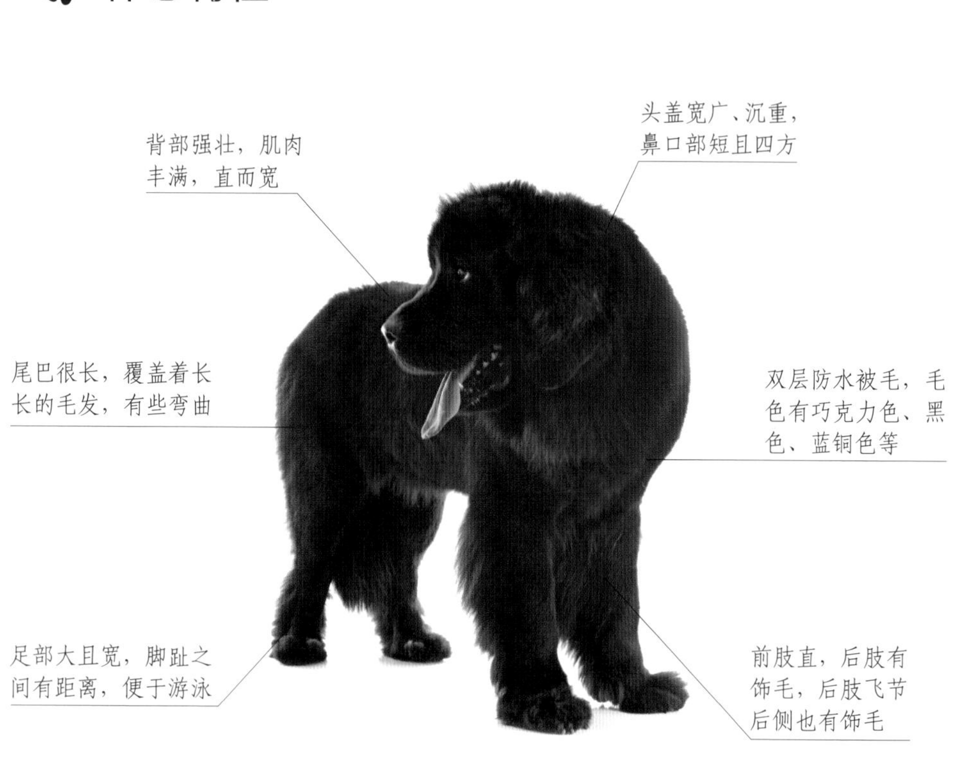

适养人群

纽芬兰犬拥有很好的脾气，从不惹是生非，是孩子们的守护神和玩伴。它独特的性情一直为人所称道，可以说是一个很好的伴侣犬。如果不是因为它的体型太过庞大，它能适合绝大多数人饲养，不过它的确需要一个足够大的空间。

44. 卡斯罗犬

Cane Corso

别名：意大利卡斯罗

体型：大型

肩高：56~71 厘米

体重：36~63 千克

原籍：意大利

寿命：11~12 年

分类：护卫犬 / 狩猎犬 / 军警犬

参考价格：5000 元以上

性格特点：卡斯罗犬性情勇猛，具有非凡的勇气和攻击性，同时韧性十足，具备优秀的耐力。卡斯罗犬对陌生人很戒备，也可以表现出适度友好，但不会热情，也不会无端攻击。

犬种历史

卡斯罗犬的直接祖先是古老的意大利獒犬，一般用于狩猎大型野物，这种改良的大型猛犬过去不曾在意大利大陆生存，而是在西西里岛繁育。很多年以来，卡斯罗犬是意大利人忠诚而体贴的伴侣和工作助手。随着狩猎活动的减少，现在，卡斯罗犬早已被训练成为一种优秀的护卫犬。

攻击能力

卡斯罗犬具备超强的攻击能力，在面对威胁时，它会用坚决的行动，用勇猛而连续的攻击彻底摧毁这种威胁的来源。即便面对比自己强大的对手，它往往也会血战到底，直到最终胜利或彻底失败（战死或者重伤）。卡斯罗犬的战斗力是令人胆寒的，其绵绵不绝的持久力更是让所有犬难以望其项背。

综合评价

卡斯罗犬是真正的猛犬，但在主人面前，它会非常安静或活泼，与家庭成员关系融洽。卡斯罗犬有着极高的智商和可训性，是无与伦比的看守和护卫犬。它非常喜欢跟随主人，在必要的时刻则会变成凶猛勇敢的护卫者。

项目	评分	项目	评分
运动需求量	3/5	关爱需求度	2.5/5
可训练度	3/5	陌生人友善度	1.5/5
初养适应度	2.5/5	动物友善度	3/5
兴奋程度	3/5	城市适应度	3.5/5
吠叫程度	3.5/5	耐寒程度	4/5
掉毛程度	1.5/5	耐热程度	4.5/5

体态特征

适养人群

卡斯罗犬是一种大型护卫犬，体格健壮，攻击力强，属于猛犬一族。它具有天生的狩猎和护卫能力，适合作为厂矿的护卫犬，但不适合公寓内饲养，甚至不适合城市饲养，也不适合作为家庭宠物犬饲养。

45. 纽波利顿獒犬

Neapolitan Mastiff

别名：那不勒斯獒 / 拿破仑獒

体型：大型

肩高：60~75 厘米

体重：65~75 千克

原籍：意大利

寿命：9~11 年

分类：护卫犬 / 看家犬

参考价格：10000~50000 元

性格特点：纽波利顿獒犬是世界上最凶猛的犬类之一，这种犬自信、威严、强劲有力，有贵族气质，在主人面前非常柔和。它拥有天生的保护欲望，不容易接受陌生人。

犬种历史

纽波利顿獒犬是一种古老的犬种，它们的祖先很可能是古罗马时代的军犬或角斗犬。该犬体型庞大，天性凶悍，攻击能力极强，号称“古罗马的战车”“最可靠的保护者”。

19世纪以前，这种犬一直默默无闻地生活在意大利南部的牧场和农家。直到1946年，一位名叫斯堪查尼的画家对纽波利顿獒犬产生浓厚兴趣，并开始着手拯救这个品种，帮助其生存繁衍。1949年，纽波利顿獒犬被正式进行纯种饲养。很快，这种凶猛的大型獒犬在媒体的大力宣传下，被越来越多的人所认识。

综合评价

纽波利顿獒犬被认为是世界上最凶猛的犬种之一，也是极其出色的护卫犬，因为它一旦发起攻击就是不死不休，而且喜欢吞吃被它杀死的猎物，在猛犬界被誉为最为残忍的杀手。它强壮的身体及狰狞的表情，让任何不怀好意的敌人都为之胆寒。

纽波利顿獒犬具有天生的保护意识，对这种意识要加以约束，不能纵容。最好从幼犬开始严格训练，让它们学会与人类交往。纽波利顿獒犬很少主动挑起事端，一旦发生争执，即使是一只训练有素的犬，也不会完全顺从。鉴于这种情况，纽波利顿獒犬只适合经验丰富、有责任心的养犬人饲养，而且必须对该犬种的行为有一定了解，并且有能力调教。另外，纽波利顿獒犬有一个非常不好的缺点，就是经常流口水，饲养时需要很大的开销。

在世界上很多国家，纽波利顿獒犬都被限制饲养

项目	评级	项目	评级
运动需求量	2/5	关爱需求度	1.5/5
可训练度	2/5	陌生人友善度	1.5/5
初养适应度	1.5/5	动物友善度	1.5/5
兴奋程度	1.5/5	城市适应度	2.5/5
吠叫程度	2.5/5	耐寒程度	3/5
掉毛程度	2/5	耐热程度	3/5

体态特征

适养人群

纽波利顿獒犬是天生的护主之犬，它的主要工作就是保护主人的家人安全和财产不受侵害，因此比较适合圈养在私人别墅内或者工矿厂区里，并对其进行科学而持续地训练，防止伤人，不适合作为普通家庭伴侣犬饲养。

46. 可蒙犬

Komondor

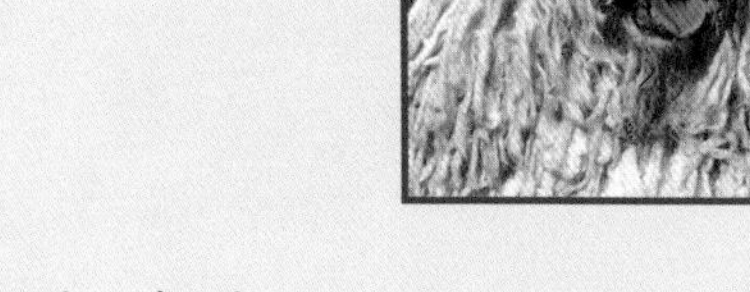

别名：克蒙多犬 / 墩布狗
体型：大型
肩高：65~90 厘米
体重：36~61 千克
原籍：匈牙利
寿命：10~12 年
分类：守卫犬 / 伴侣犬
参考价格：3000~8000 元

性格特点：可蒙犬具有强烈的工作欲望，专注于主人的家庭或它照顾的羊群安全，具有尽忠职守、无私忘我的优点。在家庭或羊群遇到攻击时，它会无畏无惧地奋起反抗。该犬警惕、勇敢而且非常忠实。

可蒙犬是羊群守护犬，但不是牧羊犬

犬种历史

可蒙犬是一个古老的犬种，原产于匈牙利。可蒙 (komondor) 这个词从 16 世纪开始在匈牙利文献中出现，意指大型牧羊犬。在欧洲，可蒙犬几乎被战争消灭，只剩下很少的犬只残留下来，并慢慢地在匈牙利重新发展，但数量十分有限。从第二次世界大战结束到 1960 年，匈牙利登记的数量仅有 1000 条左右。可以说，该犬是非常珍贵的稀有品种。

工作能力

可蒙犬是优秀的工作犬，是匈牙利的牲畜守护之王，它的工作是保护羊群和其他牲畜不受土狼、野狗或人类窃贼的侵害。一条成熟、有经验的可蒙犬可以在没有主人任何命令的情况下，自觉地进入工作状态，尽量留在需要它守护的事物附近，静静观察，以随时尽自己的保卫责任。

被毛特征

可蒙犬给人最深刻的印象就是一身浓密的像墩布一样的白色被毛。一头成年的可蒙犬完全被大量的、像穗子一样的绳索状被毛所覆盖。这种白色被毛可以将它隐藏在畜群中，免受猛兽的袭击，厚厚的被毛还可以抵御恶劣的天气。

运动需求量	●●●○○	关爱需求度	●○○○○
可训练度	●●●○○	陌生人友善度	●◐○○○
初养适应度	●○○○○	动物友善度	●●●○○
兴奋程度	●○○○○	城市适应度	●●◐○○
吠叫程度	●○○○○	耐寒程度	●●●●◐
掉毛程度	●●●○○	耐热程度	●●●◐○

体态特征

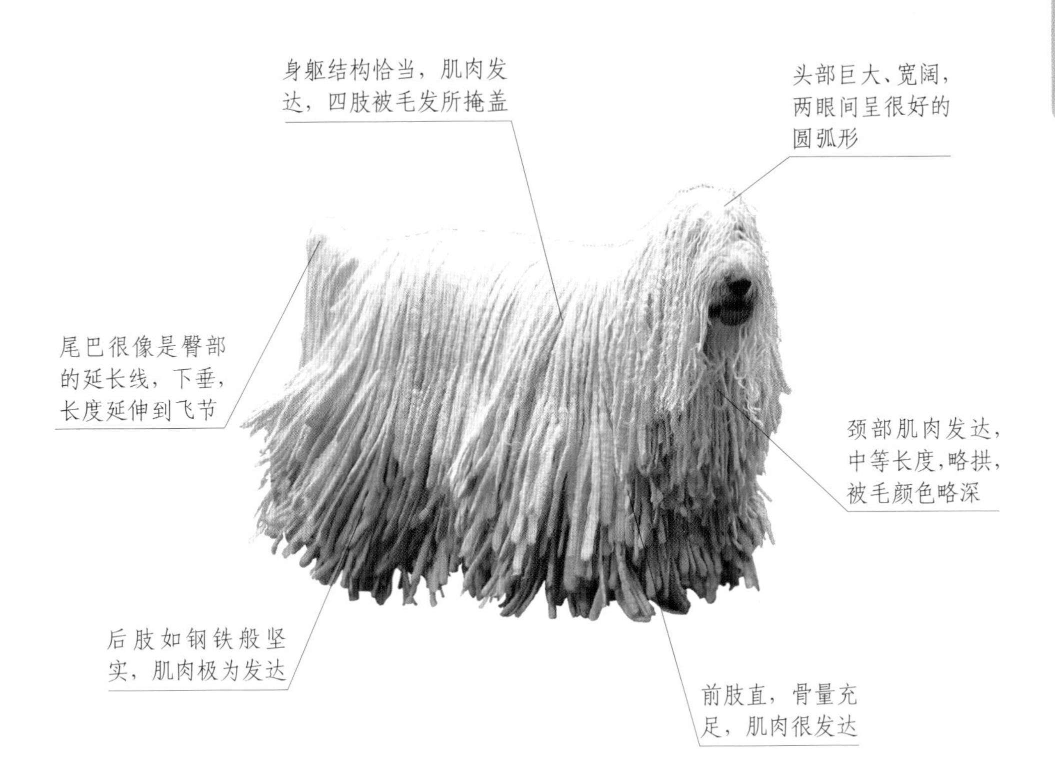

适养人群

可蒙犬不仅工作能力出色，而且深受普通家庭的喜爱，并逐步进入家庭成为伴侣犬。它的被毛只需要简单的护理就可以保持良好状态，不用刻意梳开，进行简单冲洗即可，而且不会掉毛！该犬性情温和，不乱叫，对主人十分忠实。

牧羊犬：天生的放牧专家

牧羊犬实际上也是一种工作犬，它们的工作主要是帮助人类放牧，不仅仅是牧羊，还包括鸡、鸭、鹅等家禽。所以，它们都拥有非常高的智商和极为敏锐的洞察力。牧羊犬的放牧本领是与生俱来的，它们生来就有控制其他动物的欲望。早期牧羊犬的主要任务是负责保护羊群的安全，使它们不会受到野兽的侵害。随着枪支的发明，羊群已经逐渐摆脱了野兽的侵害。而牧羊犬的主要任务也由保护羊群转变成了控制羊群，它们的体型不再巨大，却更加灵敏，善于奔跑，如柯利牧羊犬、边境牧羊犬都是如此。

47. 德国牧羊犬

German Shepherd Dog

别名：德牧 / 黑背

肩高：55~65 厘米

原籍：德国

分类：牧羊犬 / 工作犬 / 警卫犬

体型：大型

体重：34~43 千克

寿命：10~12 年

参考价格：3000~10000 元

性格特点：德国牧羊犬的性格坚强，自信，聪明，勇敢，有较强的攻击性，在没有刺激的情况下表现温顺，对饲养者忠诚，可与其建立亲密关系。该犬无论在精神上还是在体力上都属极优秀的犬种。

犬种历史

德国牧羊犬也就是人们常说的狼狗，此犬种原产德国，具体的祖先说法不一，只能确认此犬很早就在德国地区固定下来。1890 年，德国育犬家开始改良和繁育这种古老的牧羊犬，经过对多种优良犬进行配种，反复实验，终于定型了新的德国牧羊犬。1902 年，新的德国牧羊犬正式诞生于德国西部的卡尔斯鲁厄。第一次世界大战后，大量的德国牧羊犬被输出至世界各地。如今，德国牧羊犬已经成为分布最广、最受欢迎的犬类品种之一。

德国牧羊犬是影视剧中的明星，曾在许多电影、电视中担任重要的角色

被毛特征

德国牧羊犬拥有中等长度的双层被毛。外层被毛浓密、粗硬且平贴着身体。头部，包括耳朵内、前额，以及腿和脚掌上都覆盖着较短的毛发，颈部毛发长而浓密。德国牧羊犬的颜色多变，大多数颜色都是允许的。浓烈的颜色为首选。

综合评价

德国牧羊犬动作敏捷，聪明易训，适合各种复杂的工作环境，它们经常被部署参加各种不同的任务。第一次世界大战期间，它作为军犬随军，曾立下赫赫战功。如今的德国牧羊犬在全世界范围以军警犬、搜救犬、导盲犬及家养宠物犬等身份活跃。

项目	评分	项目	评分
运动需求量	●●●●○	关爱需求度	●●◐○○
可训练度	●●●●●	陌生人友善度	●●○○○
初养适应度	●●●○○	动物友善度	●●●○○
兴奋程度	●●●○○	城市适应度	●●●◐○
吠叫程度	●●●○○	耐寒程度	●●●●○
掉毛程度	●●●○○	耐热程度	●●●◐○

体态特征

适养人群

德国牧羊犬是非常优秀的工作犬种，适合用来训练做防爆、搜集、护卫犬。由于体型较大，饲养者需为其提供宽阔的活动空间。该犬对陌生人有警觉，护卫意识非常强，如在城市饲养可能会吓到孩童，因此不建议饲养。

48. 中亚牧羊犬

Central Asia Shepherd Dog

别名：中亚

体型：大型

肩高：60~71 厘米

体重：37~50 千克

原籍：中亚

寿命：9~11 年

分类：牧羊犬 / 工作犬 / 畜牧犬

参考价格：8000 元以上

性格特点：中亚牧羊犬性格冷静、自信、威严，传说用眼神就能指挥羊群和威慑外敌，同为顶级牧羊犬，而比起藏獒，中亚牧羊犬的个性又温和许多，更易于训养。

犬种历史

中亚牧羊犬是一种拥有 4000 多年历史的古老品种。几千年来一直被用作羊群的守卫犬。该犬一直活跃在中亚的广大地区，在中亚诸国以外很少能看到这个品种。许多牧民把中亚牧羊犬视为重要财产。据说该犬有着古代藏獒、蒙古獒及西班牙马士提夫的血统，从其起源来看，中亚牧羊犬属于护卫犬、牧犬和大型狩猎犬。

被毛特征

中亚牧羊犬的被毛粗糙而且直，底毛发达。根据被毛的长度可分成长毛和短毛两种，短毛中亚牧羊犬没有任何装饰毛，长毛中亚牧羊犬在耳朵、脖子、后腿、尾巴上有很丰富的装饰毛。

工作能力

中亚牧羊犬拥有天生的守护能力，具有强烈的保护欲望。在它的领地内，想攻击它的主人或者盗走一件被保护的物品几乎是不可能的，它甚至能帮助主人看护儿童。总之，中亚牧羊犬是冷静、无畏的羊群守护者，也是快乐的家庭守卫者。

中亚牧羊犬是身体最强壮的牧羊犬之一，对外敌它毫不示弱，但在主人面前却非常温柔听话

运动需求量	关爱需求度
可训练度	陌生人友善度
初养适应度	动物友善度
兴奋程度	城市适应度
吠叫程度	耐寒程度
掉毛程度	耐热程度

体态特征

适养人群

中亚牧羊犬是非常强大有力的运动型品种，至今仍作为家畜的护卫犬使用，是毫不畏惧任何生物的犬种。但它们庞大的体型和健壮的肌肉，还有强烈的护卫本能，不适合城市生活，也不适合与小孩作伴。

49. 边境牧羊犬

Border Collie

别名： 边境柯利 / 博德牧羊犬	**体型：** 中型
肩高： 48~56 厘米	**体重：** 14~20 千克
原籍： 苏格兰	**寿命：** 13~14 年
分类： 牧羊犬 / 畜牧犬	**参考价格：** 2000~8000 元

性格特点：边境牧羊犬天性聪颖、善于察言观色，能准确明白主人的指示。其最大的特点就是聪明、学习能力强、理解力高、容易训练、温和、忠诚、顺从，其忠心程度可以用如影随形来形容。

边境牧羊犬智商非常高，被誉为“最聪明的狗”

犬种历史

早期的边境牧羊犬是爱尔兰移居到苏格兰的教士带过去的犬，在苏格兰崎岖的地理环境内，人们依靠此犬来帮忙集合、驱赶及看牧牲畜。边境牧羊犬有着“眼神控制”的能力，也就是说可藉由眼神的注视而驱动羊群。据说这种能力是通过在英格兰和苏格兰边界的牧羊人发展并且训练出来的，所以人们就把这种犬称作“边境牧羊犬”。

犬种特点

边境牧羊犬是身材非常匀称、中等体型、外观健壮的犬种，它显示出来的优雅和敏捷与体质及精力相称。该犬的肌肉发达、身躯坚实，具有平滑的轮廓，给人的印象是动作毫不费力，非常灵敏活泼。这一特征也使它成为了世界排名第一的牧羊犬，属于工作狂型的犬种。

智商水平

边境牧羊犬最大的特点就是聪明，据说它的智商在所有犬类中可以排第一位。全世界的牧羊工作，几乎一半以上都由它们来担任，可见人们对它的推崇程度有多高。由于边境牧羊犬拥有“极高”的智商，又天生热爱工作，因此“身价”也相当高。一只血统纯正的边境牧羊犬身价远远高于其他犬种。

运动需求量	关爱需求度
可训练度	陌生人友善度
初养适应度	动物友善度
兴奋程度	城市适应度
吠叫程度	耐寒程度
掉毛程度	耐热程度

体态特征

适养人群

边境牧羊犬亲和忠诚，不会随意乱叫，而且很喜欢陪伴主人，是很好的伴侣犬，非常适合家庭饲养。但饲养该犬需要满足其一定的活动量，毛发打理也比较费心。

50. 高加索牧羊犬

Caucasian Ovcharka

别名： 高加索山脉犬	**体型：** 超大型
肩高： 64~72 厘米	**体重：** 45~70 千克
原籍： 俄罗斯	**寿命：** 9~11 年
分类： 牧羊犬 / 守卫犬 / 畜牧犬	**参考价格：** 3000~8000 元

性格特点：高加索牧羊犬是世界上体型最大的猛犬之一，比藏獒还大一个量级。它的性格是对人还比较温和，非常护主，但有的品种对其他动物有很强的攻击性，这会给主人带来不小的麻烦。

犬种历史

高加索牧羊犬是原产于俄罗斯高加索地区的古老大型护畜犬，有人说是藏獒的后代，也有人说是与藏獒同属于亚洲起源的巨獒，然而现代研究表明其祖先可能是来源于美索不达米亚山区里的古代犬。

高加索牧羊犬在 20 世纪 60 年代到达德国，当时是作为边境巡逻犬，尤其是沿柏林墙巡逻。1989 年，柏林墙被拆后，7000 只强壮的巡逻犬被解散。许多犬被送给德国普通家庭。德国人对其精细的育种确保了这种谨慎、独立犬的品质，随着高加索牧羊犬的大众化，育种家们更注意选择它的温驯品性。

综合评价

高加索牧羊犬具有天生的防御反应和领地意识，当保卫主人的畜群、家庭和财产的时候，它是凶猛且轻快的。它还有着敏锐的洞察力，非常警觉且善于搜索，任何环境上的细微改变都会引起它的咆哮和嘶吼，尤其是在夜间更是如此。所以这种犬特别适合作为守护犬来保护主人的家园。当然，作为一只威猛的看护者，高加索牧羊犬可能会使陌生人感到恐惧，所以良好的社会化训练很有必要。

稳健、强壮有力的高加索牧羊犬在俄罗斯随处可见

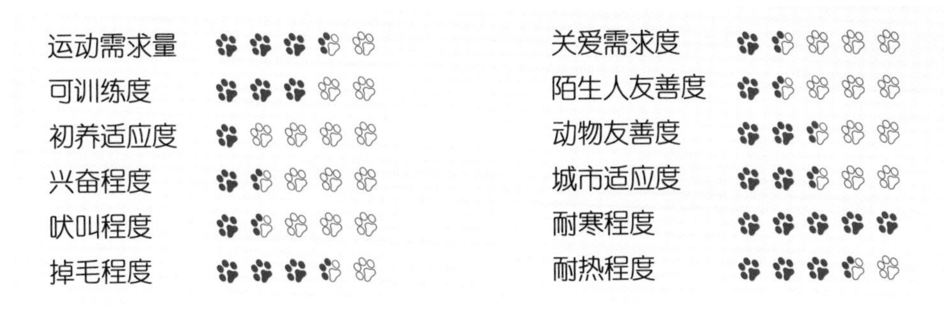

体态特征

适养人群

高加索牧羊犬身躯强壮，抗病力强，性情勇猛，沉着稳定，警觉性高，有灵敏的直觉，个性意志坚强且充满自信，忠顺于主人。因此这种犬最适合看家护院，守卫别墅、仓库、农场或牧场，但不适合一般家庭饲养。

51. 英国古代牧羊犬

Old English Sheepdog

别名： 古牧 / 截尾犬

肩高： 53~61 厘米

原籍： 英国

分类： 牧羊犬 / 伴侣犬 / 守卫犬

体型： 大型

体重： 30~45 千克

寿命： 10~12 年

参考价格： 2000~8000 元

性格特点：英国古代牧羊犬聪明友善，机敏随和。它喜欢与人亲近，渴望人的陪伴，对待陌生人也很亲热。该犬具有领导羊群的优秀资质，易训练，服从性亦算高，也深受儿童的喜爱。

犬种历史

英国古代牧羊犬虽名为古代，但其历史发展时间并不长，一般认为是18世纪初期，在融入其他犬类血统的基础上改良而成的。此犬的祖先包含了长须牧羊犬及各种欧洲牧羊犬的血统。当时，其主要用来追赶牛羊，所以被称为“家畜商人的狗”。一直到19世纪，英国古代牧羊犬才广为农业地区所使用。1873年，该犬首次在英国展示会上公开亮相，因其独具个性的外观，貌似大熊一样的憨态，赢得了世人关注。如今，英国古代牧羊犬的发展方向已经越来越向宠物犬靠拢，这是因为它的面貌实在是太可爱了。

综合评价

英国古代牧羊犬是一种被毛丰厚、肌肉发达、身躯强壮的犬，整体上非常迷人，大概是大型长毛犬中最可爱的品种了。一身由白色和灰色组成的蓬松长毛从头到脚柔软地披覆在身体上，只露出黑黑的鼻头，连眼睛都看不见了。因为这个，它走路的时候经常会撞到别的物体。

英国古代牧羊犬对自己的主人有强烈的保护意识，在主人处于危险境地的时候，它会奋不顾身地救主，表现非常勇敢。另一方面，它的嫉妒心很强，如果主人把注意力放在新来的犬身上，它就会愤怒，甚至会变得具有破坏性。

英国古代牧羊犬给人的第一印象是一只长毛狗，像一个大型毛绒玩具

运动需求量
可训练度
初养适应度
兴奋程度
吠叫程度
掉毛程度

关爱需求度
陌生人友善度
动物友善度
城市适应度
耐寒程度
耐热程度

体态特征

适养人群

英国古代牧羊犬是一个温柔的大块头，个子大，体重大，每天都要保证一定的运动量。它的被毛非常丰厚，要勤于打理清洁，还要定期美容、洗澡。饲养者要有一定的经济能力和时间。该犬个性温和，服从性高，用于看家护院也十分适合。

52. 澳大利亚牧羊犬

Australian Shepherd Dog

别名：澳洲牧羊犬

体型：中型

肩高：45~58 厘米

体重：16~32 千克

原籍：美国

寿命：12~13 年

分类：牧羊犬 / 伴侣犬

参考价格：10000 元以上

性格特点：澳大利亚牧羊犬机智聪明、活泼、性情稳定而自然，很少发生争抢。该犬的服从性很高，但在幼犬时期，如果未加训练，可能会攻击来访的陌生人。

犬种历史

澳大利亚牧羊犬真正的起源地不是澳大利亚，而是美国，之所以被称作澳大利亚牧羊犬，是因为它与18世纪从澳大利亚进入美国的巴斯克牧羊犬有血缘上的联系。今天的澳大利亚牧羊犬可能真正起源于西班牙和法国之间的比利牛斯山脉。该品种因经常出现在电影和电视节目中，而逐渐被人们所知。它继承了多用途和指向能力的特点，使它在农场和牧场中广受欢迎。牧场主不断培育这个品种，使之一直保持着敏锐的智慧、悦目的外表以及强大的牧羊能力，最终赢得了人们的喜爱。

澳大利亚牧羊犬视野开阔，可以看护整群动物

澳大利亚牧羊犬是聪明、警惕但能保持平静的狗

工作能力

澳大利亚牧羊犬是一种真正的多用途犬，它很容易适应不同的环境，工作能力极其出色，可在各个方面服务于人类，例如作为牧场工作犬、导盲犬、导聋犬、毒品检查和搜寻犬或守门犬。

被毛特征

澳大利亚牧羊犬的被毛直或略有波浪状，能抵御恶劣气候，中等长度。颜色有多种，包括蓝色、芸石色、黑色、红色芸石色或全红色，有白色斑纹属正常现象。这些颜色没有优劣之分或次序。

运动需求量	关爱需求度
可训练度	陌生人友善度
初养适应度	动物友善度
兴奋程度	城市适应度
吠叫程度	耐寒程度
掉毛程度	耐热程度

体态特征

适养人群

澳大利亚牧羊犬体型中等，运动量也不是特别大，所以它不仅是多用途的工作犬，作为家庭伴侣犬饲养也是合适的。唯一需要注意的是，作为家庭伴侣犬需要从幼犬时期进行科学的训练，否则可能会对来访的客人很不友好。此犬身体的长毛也需要花一点时间来梳理。

53. 马里努阿犬

Belgian Malinois

别名：马犬 / 玛利诺犬

肩高：56~66 厘米

原籍：比利时

分类：牧羊犬 / 工作犬 / 军警犬

体型：中型

体重：25~30 千克

寿命：12~15 年

参考价格：3000~15000 元

性格特点：马里努阿犬具有服从性好、兴奋持久、警觉性高、嗅觉灵敏、攻击力强、衔取欲望高、弹跳力强等突出特点，因此受到世界各国警方与军队的青睐，能用于追踪、缉毒、警戒、护卫、押解等工作。

马里努阿犬奔跑起来动作流畅、自由、轻松，从来看不到疲劳

犬种历史

马里努阿犬是比利时四大牧羊犬之一，在第一次世界大战结束前，很少有人知道它。直到聪明的比利时牧羊犬作为勇敢的传令犬、战地救护犬被人们传颂时，人们才认识它。1912 年，比利时牧羊犬第一次被美国养犬俱乐部登记注册，在这期间，马里努阿犬一直被笼统地称为比利时牧羊犬。直到 1959 年，AKC 才将被毛浅黄褐色、红色或红褐色且毛色极短的比利时牧羊犬命名为马里努阿犬。

综合评价

作为极其出色的工作型牧羊犬，马里努阿犬非常自信，无论在何种环境中，它都不会胆怯。该犬拥有一个强烈的愿望就是去工作，而且非常热爱自己的主人，能根据主人的命令迅速做出反应。但前提是此犬已经受过严格、科学的训练。

马里努阿犬生性刚强，动作敏捷，对动的物体有着极强的占有欲；领地意识非常强，当有陌生人靠近且主人不在时，对陌生人有极强的攻击力。行业有句话叫：马犬咬死口。一头训练有素的马里努阿犬，最擅长对敌人展开扑咬动作，一旦被其咬住身体的某个部位，无论敌人如何殴打，它都不会松口。这也是武警部队及训犬机构广泛选用马里努阿犬作警用犬和防暴犬的主要原因。

运动需求量	关爱需求度
可训练度	陌生人友善度
初养适应度	动物友善度
兴奋程度	城市适应度
吠叫程度	耐寒程度
掉毛程度	耐热程度

体态特征

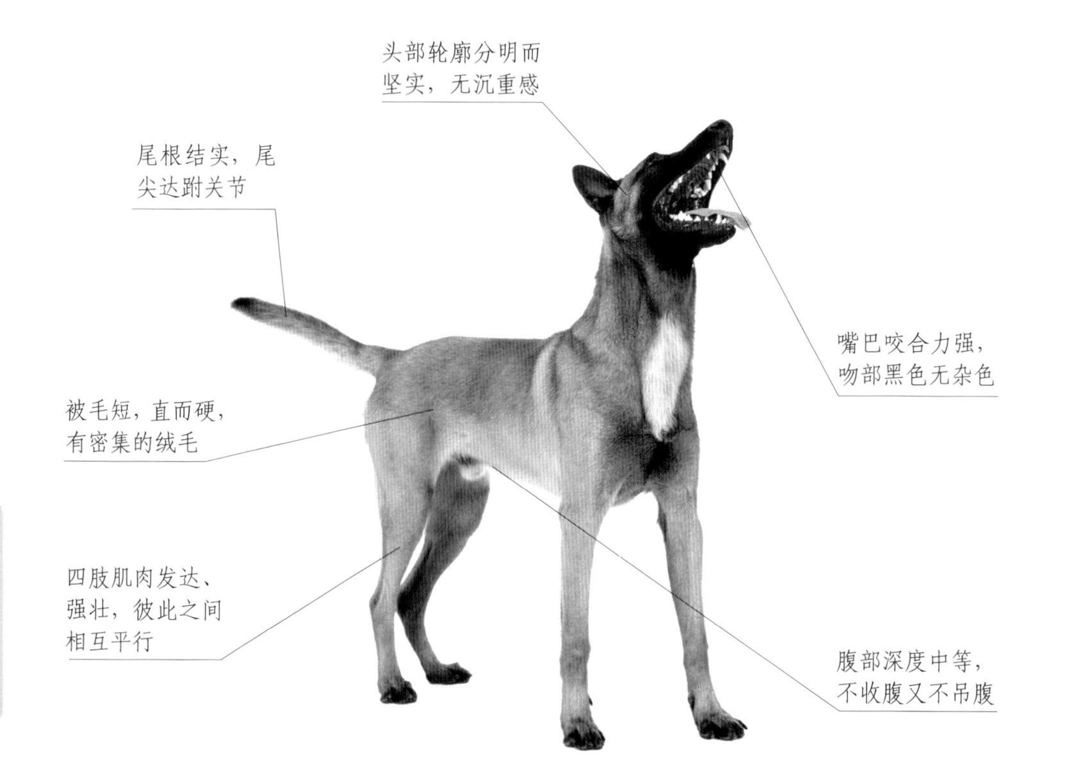

适养人群

马里努阿犬拥有超强的工作能力，尤其是保护主人和财产的能力，在所有犬种之中远远优于其他犬种，因此十分适合作为工厂、庭院的守护犬。但由于其攻击力太强，体型较大，吠叫声音大，因此不适合作为家庭宠物犬饲养。

54. 苏格兰牧羊犬

Rough Collie

别名：柯利牧羊犬

肩高：56~66 厘米

原籍：苏格兰

分类：牧羊犬 / 工作犬 / 伴侣犬

体型：大型

体重：23~34 千克

寿命：12~15 年

参考价格：2000~5000 元

性格特点：苏格兰牧羊犬聪明伶俐、善解人意，对主人忠诚不二，还喜欢与小孩玩耍，但对陌生人会保持一定的警戒心。聪慧、温顺的苏格兰牧羊犬被称为能够与人终生为伴的明星狗狗。

犬种历史

苏格兰牧羊犬也叫柯利牧羊犬，简称苏牧，起源于苏格兰低地，是由多种血缘的犬种杂交而成。和许多其他犬种一样，苏牧深得维多利亚女王的喜爱。1860 年，女王亲自将数只苏牧带回皇室城堡饲养。渐渐地，这种原来并未引人注目的犬种受到更多的关注。1940 年，一部电影《灵犬莱西》让苏格兰牧羊犬名声大噪。几个世纪以前，除了苏格兰地区外，几乎无人知晓这种牧羊犬，而现在则成为世界上最受欢迎的品种之一。

被毛特征

苏格兰牧羊犬的毛发非常丰厚，只有头部和腿部的毛发相对较短。外层披毛触感较粗硬。如果外层披毛柔软、敞开或卷曲，则不论毛量如何，都属于缺陷。底毛柔软、浓厚、紧贴身体，脸部毛发短而平滑。苏格兰牧羊犬一共有四种颜色，分别是黄白色、三色、芸石色、白色，四种颜色没有优劣之分。

综合评价

苏格兰牧羊犬是强健、反应灵活的牧羊犬，独特的外形让其更显贵族气质，聪明、忠诚而不好斗，有非常强烈的保护主人和儿童的意识。几百年来该犬就是卓越的牧羊犬，现在仍用作牧羊犬. 也用作护卫犬、救护犬以及导盲犬和伴侣犬。

项目	等级	项目	等级
运动需求量	●●●○○	关爱需求度	●●○○○
可训练度	●●●◐○	陌生人友善度	●●●○○
初养适应度	●◐○○○	动物友善度	●●●○○
兴奋程度	●●○○○	城市适应度	●●●●◐
吠叫程度	●◐○○○	耐寒程度	●●●●◐
掉毛程度	●●●●◐	耐热程度	●●●●○

体态特征

适养人群

苏格兰牧羊犬是非常适合作为家庭伴侣犬饲养的，但它的体型要比小型宠物犬大很多，需要给其提供足够的活动空间。苏格兰牧羊犬被毛浓密且长，所以每天都要为它梳理被毛，还要定期洗浴，所以不适合老年人和没有大量空余时间的人饲养。

55. 喜乐蒂牧羊犬

Shetland Sheepdog

别名：谢德兰牧羊犬

体型：中型

肩高：33~40 厘米

体重：6~12 千克

原籍：苏格兰

寿命：12~14 年

分类：牧羊犬 / 伴侣犬

参考价格：1000~5000 元

性格特点：喜乐蒂牧羊犬是非常好的牧羊犬，它聪明可靠，对主人忠诚、依恋又充满热情，并且非常容易训练，这是因为它天生喜欢与主人为伍。喜乐蒂牧羊犬相当感性，但对陌生人保持警惕。

从外形上看，喜乐蒂很像小型的苏格兰牧羊犬

犬种历史

喜乐蒂牧羊犬原产苏格兰，因其产地谢德兰群岛而得名。几世纪以来，此犬一直在谢德兰群岛上担任驱赶羊群和守卫的工作。因其外形与苏格兰牧羊犬极其相似，只是体型上更小，所以有人认为它是苏格兰柯利犬与斯皮茨犬交配而成的。也有人认为喜乐蒂牧羊犬起源于查理士王小猎犬。喜乐蒂牧羊犬诞生已有一百多年的历史，在很多国家都受到爱犬人士的欢迎，在北美和日本分布较广泛。1909 年苏格兰成立喜乐蒂俱乐部，19 世纪晚期被引进英格兰。1911 年该犬引入美国后大受欢迎，现已遍及世界各国。

外貌区分

喜乐蒂牧羊犬与苏格兰牧羊犬外貌很像，不熟悉的人很容易将两者混淆。也有人把喜乐蒂称为矮脚苏牧。喜乐蒂与苏牧长得很像，但区别也很大。初识犬种的读者可能很难一下子就能在头骨、额段等专业性的方面进行区分，我们不妨从区别最大的地方进行比较，识别两者的不同。

首先，苏格兰牧羊犬是大型犬(成犬肩高 60 厘米左右)，喜乐蒂牧羊犬是中型犬(低于 40 厘米)，正常体重只有 10 千克或者更少。其次，喜乐蒂牧羊犬的口吻较细尖，苏牧较粗宽；喜乐蒂胸前的毛呈桃心状，苏牧不是。性情上也有一些差别：苏牧安静一些，喜乐蒂活泼好动；喜乐蒂叫声细嫩，苏牧叫声较洪亮。

喜乐蒂的视野非常开阔，是非常优秀的伴侣犬

项目	评级	项目	评级
运动需求量	●●●○○	关爱需求度	●◐○○○
可训练度	●●●◐○	陌生人友善度	●◐○○○
初养适应度	●◐○○○	动物友善度	●●●○○
兴奋程度	●◐○○○	城市适应度	●●●●●
吠叫程度	●◐○○○	耐寒程度	●●●●○
掉毛程度	●●●●○	耐热程度	●●●●○

体态特征

适养人群

喜乐蒂牧羊犬属于中小型宠物犬，体型不大，不需要很大的运动量，食量也不大。喜乐蒂聪明、善解人意，能够与家庭成员和其他动物友好相处，是一种非常适宜家庭饲养的优秀宠物犬。

56. 威尔士柯基犬

Welsh Corgi Pembroke

别名：彭布罗克柯基犬

肩高：25~31 厘米

原籍：威尔士

分类：牧羊犬 / 伴侣犬

体型：小型

体重：10~12 千克

寿命：12~14 年

参考价格：3000~10000 元

性格特点：威尔士柯基犬本性友好，勇敢大胆，既不胆怯也不凶残。该犬种忠诚、可爱，外表敦厚老实，责任心很强，护主心更强，会在主人发生危险的时候全力救助。

犬种历史

威尔士柯基犬是原产于英国威尔士的古老犬种，其存在时间有1000多年。根据其近似狐狸的头部，有人认为该犬与尖嘴犬的祖先关系密切。早期的威尔士柯基犬主要用来驱赶牛群，由于其旺盛的精力和极高的工作效率，现在仍然被广泛用作工作犬。本犬虽然体型娇小，却一直深受高阶层人士喜爱。从12世纪的查理一世到现在的女王伊丽莎白二世，威尔士柯基犬一直是英国王室的宠物。

综合评价

威尔士柯基犬拥有很多优秀的品质。首先，它的智商很高，幼年时期便可在很短的时间内听懂一些简单的口令，成年后表现出的服从性和判断力更让人叹为观止。其次，别看威尔士柯基犬身高矮于身长，但它精力充沛，表现出的速度、耐力和运动技巧与身材完全不相匹配。不得不让人信服这个犬种果然曾经是用来牧牛的。但在家庭生活中，它却非常理智，很少上蹿下跳、翻箱倒柜。最后，威尔士柯基犬属于短毛犬，不必像其他犬种每年花费一笔不菲的美容费。由于该犬种无体臭，只要保证每天一次的简单梳理，一个月一次洗沐足矣，是很好打理的犬种。

威尔士柯基犬拥有独特的气质，被人认为是会微笑的犬，有着“蒙娜丽莎式的微笑”

运动需求量	●●○○○	关爱需求度	●◐○○○
可训练度	●●●◐○	陌生人友善度	●●●○○
初养适应度	●◐○○○	动物友善度	●●●○○
兴奋程度	●●○○○	城市适应度	●●●●●
吠叫程度	●◐○○○	耐寒程度	●●●◐○
掉毛程度	●●●○○	耐热程度	●●●◐○

体态特征

适养人群

威尔士柯基犬是很容易饲养的犬种。被毛短，不需要特别的美容和刷饰，很容易照料，而且此犬种无论对人或对其他犬都具有友好及宽容的性格，非常稳健，完全没有一般小型犬的神经质，是非常适合小孩的守护犬，也是很好的家庭伴侣犬。

57. 格罗安达犬

Groenendael

别名：格罗尼达尔犬

体型：中型

肩高：56~66 厘米

体重：27~34 千克

原籍：比利时

寿命：12~14 年

分类：牧羊犬 / 守门犬

参考价格：3000~8000 元

性格特点：格罗安达犬拥有友善、聪明、勇敢的品质，能保护主人和主人的羊群，占有欲比较强。它非常警惕、专注且十分敏捷，对陌生人时刻警惕且密切关注，但不恐慌。

格罗安达犬是一种多功能犬，其良好的智力和易驯服的特性使其有多种用途

犬种历史

19 世纪之前，比利时境内存在着多种与牧羊犬极为相关的犬种。随着守护羊群的需要减少，饲养者将这些牧羊犬配种改良出四种不同颜色被毛的基本犬种，分别是黑色长毛型、短毛型、杂色长毛型及刚毛型。其中，黑色长毛型的格罗安达犬是四种牧羊犬中最广泛被承认的。格罗安达犬在比利时被广泛用来看守羊群，现在也常被用于军警界或私人宅邸看守庭院。

被毛特征

格罗安达犬拥有丰厚而长的外层被毛，质地中等粗硬。其中，脖颈、前臂后方以及后腿上端的饰毛更长、更丰厚，形成“围脖”“裤子”的特殊效果。它的底毛也十分浓厚，因此能适应各种气候条件，对极端的气候具有独特的适应性。

综合评价

格罗安达犬首先给人的印象是结实、灵活、肌肉发达、整体比例匀称、协调，使人感觉有深度、可靠。它总是高傲地昂起头，保持警觉的状态，却没有十足的攻击性，仅仅是天性使然，随时准备保护主人的财产不受侵害。

运动需求量	关爱需求度
可训练度	陌生人友善度
初养适应度	动物友善度
兴奋程度	城市适应度
吠叫程度	耐寒程度
掉毛程度	耐热程度

体态特征

适养人群

格罗安达犬聪明活跃，容易训练，性格倔强忠诚，但有时也会敏感和冲动，是优秀的牧羊犬和守门犬，适合用来看家护院。该犬需要大量的运动空间，属于典型的户外犬种，不太适合城市饲养。

58. 澳洲牧牛犬

Australian Cattle Dog

别名： 蓝色海勒斯犬

肩高： 43~51 厘米

原籍： 澳大利亚

分类： 牧羊犬 / 伴侣犬

体型： 中型

体重： 16~20 千克

寿命： 12~15 年

参考价格： 2000~10000 元

性格特点：澳洲牧牛犬工作能力强，警觉、机智、看守能力强、勇敢、诚实、绝对忠于职责，这些特性使它成为一种理想的工作犬。它的忠诚和保护能力对牧场主、对牛群来讲非常难得。

犬种历史

19 世纪初，澳大利亚的牧民为了找到一种能帮助当地牧民工作的犬种，引进了一对蓝灰色的苏格兰高地牧羊犬。这种犬能很好地工作，但吠叫不理想，领头能力也不足。为了解决这个问题，育种者们利用不同的犬种配种进行改良，如混入澳洲野生犬的血液，让其变得壮硕与安静；加入强壮的史密斯费德尔品种，使外形有所改观；还加上了可利犬、大麦町犬、澳洲科尔比犬、英国古代牧羊犬等品种。这种杂交出来的犬种较之前的工作犬品质有很大的改进，逐渐得到牧牛人的认可，并被命名为澳洲牧牛犬，当地人也称之为蓝色海勒斯犬。

综合评价

澳洲牧牛犬具有身体坚实、有力、匀称和肌肉发达的特征，给人以机敏、灵活和坚韧的印象，是一种强壮、多用途的工作犬。它的智商很高，对主人分配给它的工作，无论有多艰难，都能表现主动承担的精神。该犬精力充沛、耐力持久，是牧民非常得力的助手。由于在澳洲内地，澳洲牧牛犬主要从事长距离引导牛群的工作，因此非常适应荒郊野外的生活环境。

澳洲牧牛犬的毛色为蓝色或带斑点的蓝色，在头部有黑色、蓝色或棕褐色的斑点

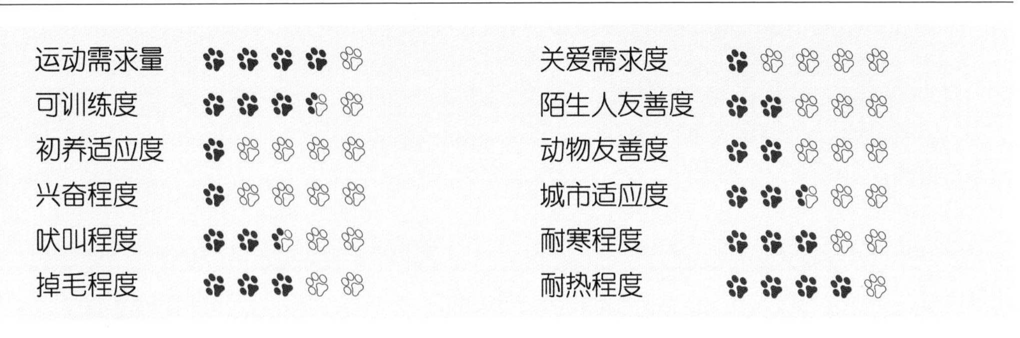

体态特征

适养人群

澳洲牧牛犬具有忠诚和护卫的天性，是农场主不可缺少的好帮手。该犬依恋主人和家庭，对陌生人很警惕。由于它本质上属于活动能力很强的户外犬种，饲养时必须保持足够的运动量，不适合作为家庭宠物犬饲养。

家庭犬：犬中的各路骑兵

家庭犬是一个广泛的涵盖种类比较多元化的类别，包括很多不同的差别很大的犬种，无法按照常规方法进行分类，所以被归类为家庭犬。家庭犬确实是一个来自五湖四海的大家庭，例如来自中国的松狮犬，来自日本的柴犬以及来自欧洲的斗牛犬和斑点狗，都被列入了家庭犬的范围。因此，家庭犬没有一个统一的特征。

59. 美国爱斯基摩犬

American Eskimo Dog

别名： 爱斯基摩犬

体型： 中型

肩高： 38~48 厘米

体重： 11~16 千克

原籍： 美国

寿命： 12~13 年

分类： 绒毛犬 / 伴侣犬 / 守门犬

参考价格： 1000~3000 元

性格特点：美国爱斯基摩犬天生聪明，温顺听话，并且有无可比拟的灵活性，是美国马戏团表演中重要的犬种。它非常友好，属于“朋友狗”，是忠诚、深情的伙伴。

爱斯基摩犬与萨摩耶犬很像，但前者更小巧可爱

犬种历史

美国爱斯基摩犬主要起源于欧洲波美拉尼亚犬种，主要包括白色德国波美拉尼亚丝毛犬、白色荷兰卷尾犬和白色意大利波美拉尼亚丝毛犬等，但也有人将其归类为北欧品种。

在19世纪的美国，德国移民社区里经常可以见到这种小型的白色波美拉尼亚类型的犬。它们同主人一道从欧洲来到美国，很快赢得当地人的喜欢。渐渐地，它们便被称作美国爱斯基摩犬。

由于美国爱斯基摩犬聪明、听话，又有无可比拟的灵活性，在遍布美国内地的巡回演出的马戏团中非常受欢迎，它们被广泛用于杂技表演。1985年，美国爱斯基摩犬俱乐部成立，专门鉴定、保护和促进纯种美国爱斯基摩犬的培育。

综合评价

美国爱斯基摩犬是一种外观漂亮且很聪明的狗，尽管它有一点保守，却是一个非常卓越的守门狗，会以警告性的吠声告知主人有陌生人来访。尽管它不会有咬人或攻击人的危险，但依然能保护主人，而且它能很快学会新的技能，并热衷于取悦主人。

被毛特征

美国爱斯基摩犬拥有一身雪白的双层被毛，内层为短的密毛，外层的长毛有保护作用，直立无卷曲，在脖子和胸部的外层毛较厚而长，形成狮子样的环状领，公犬比母犬更为常见。尾部和后肢向下直到跗关节均覆盖有厚厚的长毛，比较有特点。羽毛状的蓬松小尾巴立在后背。

美国爱斯基摩犬看上去更像是一种狐狸犬

项目	评级（满分5）	项目	评级（满分5）
运动需求量	2.5	关爱需求度	2
可训练度	3	陌生人友善度	3
初养适应度	1.5	动物友善度	3
兴奋程度	1.5	城市适应度	4
吠叫程度	1.5	耐寒程度	4
掉毛程度	4	耐热程度	3.5

体态特征

适养人群

美国爱斯基摩犬性格活泼，爱玩游戏，对孩子及陌生人友善，习惯城市生活，只需每日出外散步便可，因此是家庭犬极佳推荐种类之一。但该犬被毛较长，雪白的绒毛也很容易脏，需要经常打理，因此饲养该犬需要主人有足够的耐心。

60. 大麦町犬

Dalmatian

别名：斑点狗

肩高：48~61 厘米

原籍：前南斯拉夫

分类：狩望猎犬 / 伴侣犬 / 工作犬

体型：中型

体重：19~32 千克

寿命：10~12 年

参考价格：2000~10000 元

性格特点：大麦町犬拥有温和而坚韧的气质，是一种敏锐外向、活泼聪明、善于外交的犬种。它高贵威严，毫不羞怯，易于服从主人的指令，容易与小孩相处，但警戒心也很强。

犬种历史

大麦町犬是少数起源于前南斯拉夫的犬种，以发源地大麦町地区命名。该犬无论外观的表征或脸部的表情都与孟加拉波音达猎犬非常相似。虽然目前它已是众所公认的伴侣犬，但在18世纪以前，它只是前南斯拉夫境内默默无闻的拖曳犬，19世纪英国及法国的贵族把它作为马车的护卫犬，跟随在马车的前后奔跑，有人也称其为马车犬。

大麦町犬因形象和性格极佳，曾被美国著名儿童作家道奇·史密斯写进他的小说《101斑点狗》，后被迪斯尼公司改编为卡通片而广为人知。虽然早期的大麦町犬主要是作为工作犬使用，但因其频频出现在影视作品当中，已经在无形中使人接受了它是不折不扣的伴侣犬。

被毛特征

被毛色彩和斑点是大麦町犬一个重要的判定指标之一，而任何被毛为除黑色斑点和红褐斑以外的斑点者均为劣品。

大麦町犬的被毛短、浓厚、细腻且紧贴着皮肤。既不是羊毛质，也不是丝质。被毛的外观是圆滑、有光泽、健康的。斑点约硬币大小，均匀分布，底色是纯粹的白色，斑点是浓重的黑色或红褐色。斑点圆而清晰，越清楚越好。

运动需求量	●●●○○	关爱需求度	●◐○○○
可训练度	●●●●●	陌生人友善度	●●●○○
初养适应度	●◐○○○	动物友善度	●●◐○○
兴奋程度	●●○○○	城市适应度	●●●●◐
吠叫程度	●●○○○	耐寒程度	●●●○○
掉毛程度	●●●○○	耐热程度	●●●◐○

家庭犬

体态特征

适养人群

大麦町犬是外貌鲜明、性格温和的家庭伴侣犬。它的体型紧凑结实，精力非常旺盛，每天需要大量的运动，不适合老年人和工作繁忙的上班族饲养。虽然它的身高不算高，体型也不算大，但力气却不小。

61. 松狮犬

Chow Chow

别名：熊狮犬　　体型：中型

肩高：46~56 厘米　　体重：20~32 千克

原籍：中国　　寿命：11~12 年

分类：伴侣犬 / 绒毛犬　　参考价格：1000~10000 元

性格特点：松狮犬的性格很独特，它很像猫，十分文静、高雅，从不搞破坏，但又非常自我、独立、固执，通常不太喜欢给人逗着玩，是一种极端傲慢和有个性的犬种。

犬种历史

松狮犬是一种原产于中国的古老犬种，它的准确历史目前可以追溯到商朝。在中国出土的古代陶器及雕塑品中就出现过松狮犬的形象。在中国古代，松狮犬更是作为帝王最喜欢的猎犬而广为人知。

19 世纪，松狮犬进入英国，受到维多利亚女王的喜欢，因其形象独特，很快引起人们的兴趣。1889 年，英国成立了第一家松狮犬俱乐部。1890 年，一头叫塔克雅的松狮犬第一次在美国参加展示比赛获得了第三名。AKC 在 1903 年正式承认了该品种为纯种犬，今天它已成为美国相当确定的品种。

硕大的头颅让松狮犬看上去像一头威武的狮子

松狮犬深深的杏仁眼给人一种神秘和深思状

综合评价

松狮犬是一种优雅、强壮有力的中型犬种。它的相貌威武严肃，看上去一脸愁容。它的舌头是蓝黑色，步态是像踩高跷一样一颠一颠的，这些都是松狮犬所独有的特点。松狮犬的被毛分短毛和长毛两种，短毛的松狮犬是较为少量的，长毛的松狮犬比较多见。

松狮犬的性格非常独立，给人的感觉并不算太“听话”。陌生人通常经过主人的介绍，并且接近的方式得当，可以用安静、优雅的方式来抚摩松狮犬，但不能像对待哈巴狗那样戏弄、对待松狮犬。千万不要将它的尊严和超然态度混同为凶猛与难以相处。它只想着它自己的事，一般不会挑起事端。

项目	评级	项目	评级
运动需求量	●●◐○○	关爱需求度	●●◐○○
可训练度	●◐○○○	陌生人友善度	●○○○○
初养适应度	●○○○○	动物友善度	●●◐○○
兴奋程度	●○○○○	城市适应度	●●●○○
吠叫程度	●◐○○○	耐寒程度	●●●◐○
掉毛程度	●●●◐○	耐热程度	●●●○○

体态特征

饲养须知

松狮犬性格温和，十分聪明，对主人忠诚，是一种很安静的犬种。它不需要大量训练，可以安静地趴在家里一整天，而且它没有体臭，适合公寓饲养。但该犬在管理上，需要主人具备一定的耐心。

62. 英国斗牛犬

Bulldog

别名：老虎狗 / 英斗

体型：中型

肩高：35~50 厘米

体重：25~35 千克

原籍：英国

寿命：8~10 年

分类：工作犬 / 伴侣犬 / 警卫犬

参考价格：5000~20000 元

性格特点：英国斗牛犬外表古怪，甚至有点可怕，但实际上是很善良、亲切、忠实的犬种。它行走时很有绅士风度，性格沉稳，不乱吠叫，对人极友善、亲切。同时，它也是勇敢、能力强的优秀警卫犬。

在国外，很多学校、组织都把斗牛犬视为吉祥物

步态特征

英国斗牛犬拥有平和的气质和威严的姿态，从它的步态就能感受到这一点。它走起路来显得关节松弛，拖着脚步，横向运动，产生一种独特的“滚动”步态。但无论如何，动作都应该显得没有拘束，舒展而强健。

综合评价

英国斗牛犬的头部和脸部覆盖着厚重的皱纹，在喉咙处，从下颌到胸部，有两层松弛而下垂的褶皱，形成赘肉。它的背毛平顺、纯净而有光泽；脸部很短，头部厚重；拥有沉重、肥壮、低矮而摇晃的身躯，以及宽阔的肩膀和强健的四肢。整体外型及姿态表现出浑身是劲和极大的稳定性，也展现出足够的活力且充满力量。

犬种历史

英国斗牛犬，俗称老虎狗，起源于英国的大不列颠群岛，据说其祖先是马士提夫獒犬和牛头㹴。名字中之所以使用“牛”字，是因为该犬常在斗牛运动中被用于挑逗公牛。到了1835年，残忍的斗牛运动被英国政府所禁止，勇猛的斗牛犬也随之失去人们的关注。

为了能保留这一优秀犬种，许多养犬爱好者开始对英国斗牛犬进行科学的育种，消除其不受欢迎的特性，保留并强化一些好的品质。经过几代的选择培育，英国斗牛犬降低了原始的野性，逐渐走入家庭成为优秀的宠物犬，这就是我们今天所知的英国斗牛犬。

勇敢、强健的英国斗牛犬被誉为英国的国犬

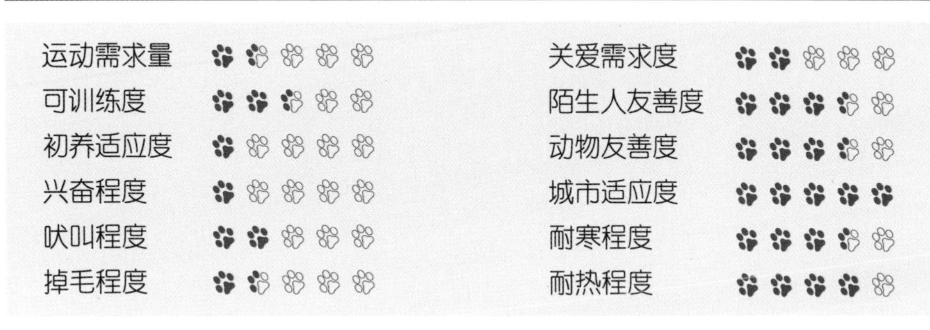

家庭犬

体态特征

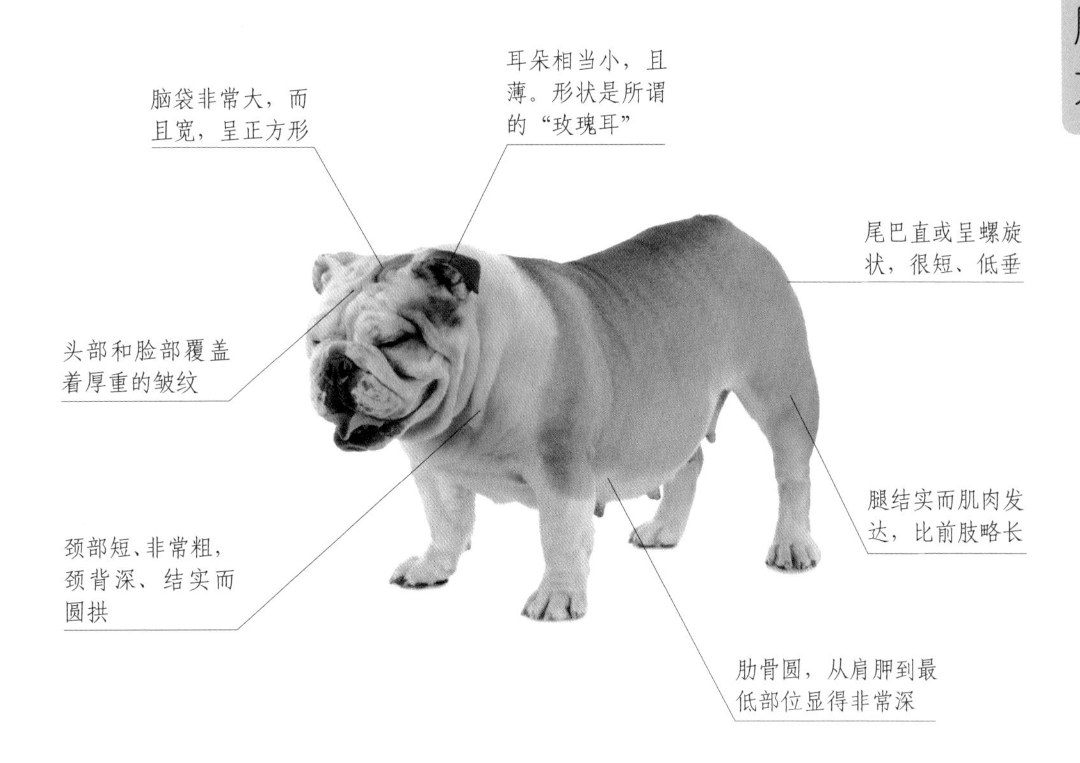

适养人群

英国斗牛犬形貌凶悍，令人望而生畏，但本质却是相当温和、善良而且极富感情。它是优秀的守门犬，也是亲切友善的伙伴，对儿童特别亲和友善，适合大多数家庭作为宠物犬饲养。

63. 波士顿㹴犬

Boston Terrier

别名：美国叭喇犬

体型：小型

肩高：38~43 厘米

体重：4~11 千克

原籍：美国

寿命：12~15 年

分类：伴侣犬 / 玩赏犬

参考价格：5000~15000 元

性格特点：波士顿㹴犬属于活泼、聪明、爱玩耍、感情丰富的犬种，能很好地与其他宠物狗、孩子和睦相处，喜欢与主人玩游戏，围绕屋子转。其传统的善攻击性已不存在，可以作为家庭宠物犬饲养。

犬种历史

波士顿㹴犬原产于美国波士顿，是美国众多犬种中较古老的犬种。初期的波士顿㹴犬是斗牛犬及牛头㹴交配产生的犬种。这一时期的波士顿㹴犬体格壮硕，还有鲜明的斗犬品质，被称为美国叭喇犬。为了让这种犬向温和的方向发展，后期经过选拔同系交配，又与法国斗牛犬进行配种，做了很多改良。

1878 年，波士顿㹴犬正式在犬展大会上展示，那时它的名字叫美国斗牛㹴，后来重新以其原产地波士顿命名为波士顿㹴犬。

波士顿㹴犬行动不快，但它却非常好动

波士顿㹴犬拥有一双萌态十足的大眼睛

综合评价

波士顿㹴犬个头矮小，行动缓慢，守规矩而不会攻击人类，所以在美国早已经成为室内犬的主流，经久不衰。

波士顿㹴犬柔顺、知性，不会突然扑向主人，或者反复弄翻室内的东西，也不会冷不防地突然冲向小孩，而使小孩受惊、受伤。它对主人的声音非常敏感。一般家庭若能好好地训练它，随时都可以带它到任何地方，而不必担心会给主人带来麻烦。对于很多喜欢狗狗而且是第一次尝试在室内养犬的家庭而言，若将它视为“入门犬”是最适合不过了。

项目	评分	项目	评分
运动需求量	●●○○○	关爱需求度	●●●○○
可训练度	●●●○○	陌生人友善度	●●●○○
初养适应度	●●◐○○	动物友善度	●●●○○
兴奋程度	●●●○○	城市适应度	●●●●●
吠叫程度	●●◐○○	耐寒程度	●●●◐○
掉毛程度	●○○○○	耐热程度	●●●◐○

体态特征

适养人群

波士顿㹴犬是典型的宠物犬，是优秀的玩赏犬和伴侣犬，也可作为看家护院的看护犬。由于该犬生性爱玩、活泼，尤其喜欢同人类特别是小孩一起散步，故作为伴侣犬非常适合家庭饲养。

64. 法国斗牛犬

French Bulldog

别名：法国斗牛 / 法斗

体型：小型

肩高：30~31 厘米

体重：10~13 千克

原籍：法国

寿命：10~12 年

分类：伴侣犬 / 捕鼠犬 / 斗牛犬

参考价格：3000~10000 元

性格特点：法国斗牛犬勇敢、无畏，经常威风凛凛地与对手正面决斗，因此深得人们的喜欢。该犬亲切、敦厚、忠诚、执著、勇敢、具有独特的品位，对小孩和善，对新鲜事物有极强的好奇心。

法国斗牛犬外貌极具个性，有目空一切、不可一世的高贵气质

犬种历史

法国斗牛犬原产法国，祖先是英国斗牛犬。大约在19世纪中期，许多玩具斗牛犬从英国流入法国，同当地其他品种犬杂交而最终变成这种体型小、头盖平、玫瑰耳或蝙蝠耳的法国斗牛犬。当时，这种犬深受贵妇们的喜爱。

法国斗牛犬属小型护卫犬，是斗牛犬中最强健敏捷的品种之一，曾在欧洲斗牛竞技中显赫一时。在法律明文禁止斗牛活动以后，它则成为一种流行、时髦的伴侣犬，尤其受到女士们的喜爱。

综合评价

法国斗牛犬个头比一般斗牛犬小，其身材短圆，骨骼沉重，被毛平滑，结构紧凑，是一种聪明、活泼、肌肉发达、活动灵活的狗。它拥有一双蝙蝠耳，特别吸引人，表情显得警惕、好奇。 法国斗牛犬披毛短而纤细并富有光泽，毛色有虎斑色、淡黄褐色、白色等。

法国斗牛犬还是一种很贴心的伴侣犬，具有很强的护主意识。该犬也可用于看护庭院，十分尽忠职守，面对侵犯具有宁死不屈的战斗精神。法国斗牛犬还特别擅长捕鼠，而且捕鼠时劲异常大、残忍、毫不留情。

运动需求量	●◐○○○	关爱需求度	●●◐○○
可训练度	●●○○○	陌生人友善度	●●◐○○
初养适应度	●●○○○	动物友善度	●●●●○
兴奋程度	●○○○○	城市适应度	●●●●●
吠叫程度	●●◐○○	耐寒程度	●●●◐○
掉毛程度	●◐○○○	耐热程度	●●●◐○

体态特征

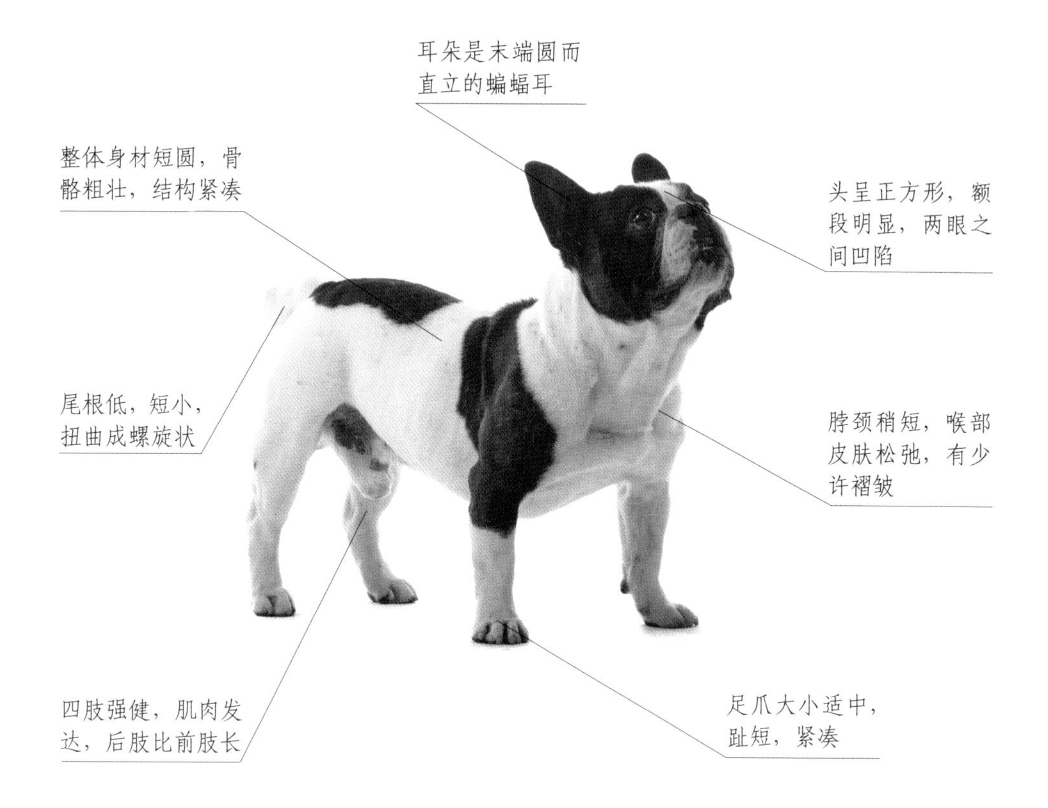

适养人群

法国斗牛犬聪明、敏捷、开朗、亲切、安静，极少吠叫，体型小不占空间，容易与别的犬相处。该犬容易管理，不需要经常梳理被毛，非常适合在城市公寓饲养，也适合与小朋友做玩伴，是家庭宠物犬的推荐犬种之一。

65. 卷毛比熊犬

Bichon Frise

家庭犬

别名：特内里费犬

肩高：23~30 厘米

原籍：西班牙

分类：伴侣犬 / 绒毛犬

体型：小型

体重：3~6 千克

寿命：12~14 年

参考价格：1000~5000 元

性格特点：卷毛比熊犬性情开朗、活泼、感情丰富，有较强的适应能力。它忠实于主人，温和而守规矩。愉快的态度是这个品种最突出的特点，能给主人带来无穷的乐趣。

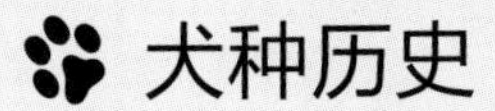

犬种历史

卷毛比熊犬原产于西班牙特内里费地区，原称巴比熊犬，后简称比熊犬。该犬最早在加那利群岛繁衍生息。13 世纪意大利水手发现这种小狗，便把它带到欧洲大陆，从此卷毛比熊犬成为贵族阶层的宠物。1515 年弗朗西斯一世时该犬被引入法国，此后一段时间内该犬处于鼎盛时期。

在西班牙著名画家高雅的数幅传世之作中均能看到比熊犬。18 世纪末期它一度衰落，只得随卖艺人风餐露宿、流落街头。但是到了 20 世纪后期，比熊犬又开始兴旺，一度风靡全球。

被毛特征

卷毛比熊犬的底毛柔软而浓厚，外层披毛粗硬且卷曲，内层毛柔软细密，两种毛发结合，触摸时产生一种柔软而坚固的感觉，拍上去的感觉像长毛绒或天鹅绒一样有弹性。卷毛比熊犬毛色为白色，在耳朵周围或身躯上有浅黄色、奶酪色或杏色阴影。

修剪造型

卷毛比熊犬圆圆的脑袋并不是自然长成，而是修剪出来的。修剪时要注意体现出身躯的自然曲线，不能剪得太短，也不能修剪过度或显示出四方形的外貌。背线需修剪成水平状，被毛必须保留足够的长度，以保证该品种独特的形象。

项目	评分	项目	评分
运动需求量	●●○○○	关爱需求度	●●◐○○
可训练度	●●●○○	陌生人友善度	●●●●○
初养适应度	●○○○○	动物友善度	●●●◐○
兴奋程度	●○○○○	城市适应度	●●●●●
吠叫程度	●○○○○	耐寒程度	●●●◐○
掉毛程度	●○○○○	耐热程度	●●●○○

体态特征

适养人群

卷毛比熊犬性格温和，样貌可爱，是非常优秀的家庭宠物犬，但它对居住环境的要求比较高，经常需要有人陪伴。对比熊犬的护理也是格外费心的一件事，比如每天需要梳理卷曲的被毛，定期进行专业美容，因此不适于繁忙的上班族和学生饲养。

66. 中国沙皮犬

Chinese Shar Pei

别名：中国斗犬

肩高：46~51 厘米

原籍：中国

分类：伴侣犬 / 古老犬 / 畜牧犬

体型：中型

体重：16~20 千克

寿命：12~14 年

参考价格：2000~10000 元

性格特点：沙皮犬带有王者之气，警惕、聪明、威严，看上去愁眉不展，实际上镇定而骄傲。沙皮犬有很强的独立性，且彬彬有礼，比较喜爱与人类亲近，所到之处都会引起人们特别的关注。

沙皮犬拥有与生俱来的松松垮垮的褶皱皮肤，像“盔甲”一样罩住全身

犬种历史

沙皮犬是中国的古老犬种，也是世界上最珍贵的犬种之一。沙皮犬在中国的南方省市已经存在几千年了。沙皮，其字面意思是“沙状皮肤”或“沙纸状被毛”，因被毛特征使得该品种成为世界上独特的一种犬。

沙皮犬在过去一直是作为斗犬而训练和饲养的，20 世纪 60~70 年代，国内的打狗活动几乎导致了中国纯种犬的灭绝，其中就包括沙皮犬。而沙皮犬传入美国后却在当地掀起了沙皮犬热，当地的饲养者做出了相当的努力，延续了这类犬种。如今“中国沙皮犬俱乐部”遍布美国各州，正式注册的沙皮犬就超过万只。

综合评价

沙皮犬褶皱的外表让它显得非常严肃、忧郁、哀怨。实际上，沙皮犬对待主人或家人是非常友好善良的，但对陌生人就显得十分的冷淡。沙皮犬个性较强，不容易被训练，且不容易与其他的宠物狗相处。

沙皮犬的被毛较短，无需经常梳理，这让饲养者省去很多的麻烦。但该犬皮肤褶皱多，容易积聚尘埃等污垢，因此要特别重视它的清洁卫生。

项目	评分（满分5）	项目	评分（满分5）
运动需求量	2.5	关爱需求度	3.5
可训练度	3	陌生人友善度	2
初养适应度	1	动物友善度	3
兴奋程度	2	城市适应度	5
吠叫程度	2	耐寒程度	4.5
掉毛程度	3	耐热程度	4

体态特征

适养人群

沙皮犬很特别，非常爱干净。在生活中，沙皮犬食量小，不喜欢运动，大多数时候都待在自己的狗窝中，因此它非常适合饲养在大城市或者是高楼公寓中。整体来说，饲养沙皮犬还是非常容易、非常简单的。

67. 日本柴犬

Shiba Inu

别名：西巴犬 / 柴犬

体型：中型

肩高：35~41 厘米

体重：8~10 千克

原籍：日本

寿命：12~15 年

分类：伴侣犬 / 守门犬 / 工作犬

参考价格：2000~10000 元

性格特点：柴犬外表朴实而雅致，性情温顺，忠实，服从性好，亲切而富有感情，总体性格高贵且自然。柴犬具有独立的天性，对陌生人有所保留，但对于得到它尊重的人则显得忠诚。

犬种历史

柴犬原产于日本，是一种古老的品种，其祖先是由中国松狮犬和日本土产纪州犬杂交繁育而成，大约2000年前由中国传入日本，经长期豢养培育，养成忠实、服从、忍耐的天性。该犬以前主要是被人类训练用来猎捕小动物，曾是穿梭于深山林间的狩猎好手，故称之为柴犬。

日本柴犬外观和日本秋田犬比较相似，外形也和我国的一些小土狗差不多，实际上日文中柴犬就有小狗的意思。在日本，柴犬被政府指定为“天然纪念物”。根据日本保犬会统计，现在日本被饲养的本土犬中，柴犬约占85%。

柴犬的外貌与日本秋田犬和中华田园犬很相似

在日本的城市、郊区和乡村都会看到柴犬

被毛特征

柴犬拥有双层毛，外层被毛僵硬、直立，下层绒毛柔软、浓密。耳朵、四肢、面部毛短而均匀。尾巴上的绒毛稍长，像刷子一样散开。被毛颜色共有三种，底毛为奶酪色、浅色和灰色。所有的颜色清亮而强烈。

综合评价

日本柴犬被认为是个体最小并且又最古老的日本本土犬。这种犬能够适应陡峭的丘陵和山脉的斜坡，属于上乘的猎狩犬。同时，机警的性格也让柴犬成为一种优秀的守门犬。虽然外表朴实无华，但纯朴自然的性格，仍不失为极佳的伴侣犬。

项目	评级	项目	评级
运动需求量	3.5/5	关爱需求度	1/5
可训练度	2.5/5	陌生人友善度	3/5
初养适应度	1/5	动物友善度	2.5/5
兴奋程度	1/5	城市适应度	4.5/5
吠叫程度	1/5	耐寒程度	4.5/5
掉毛程度	2/5	耐热程度	4.5/5

体态特征

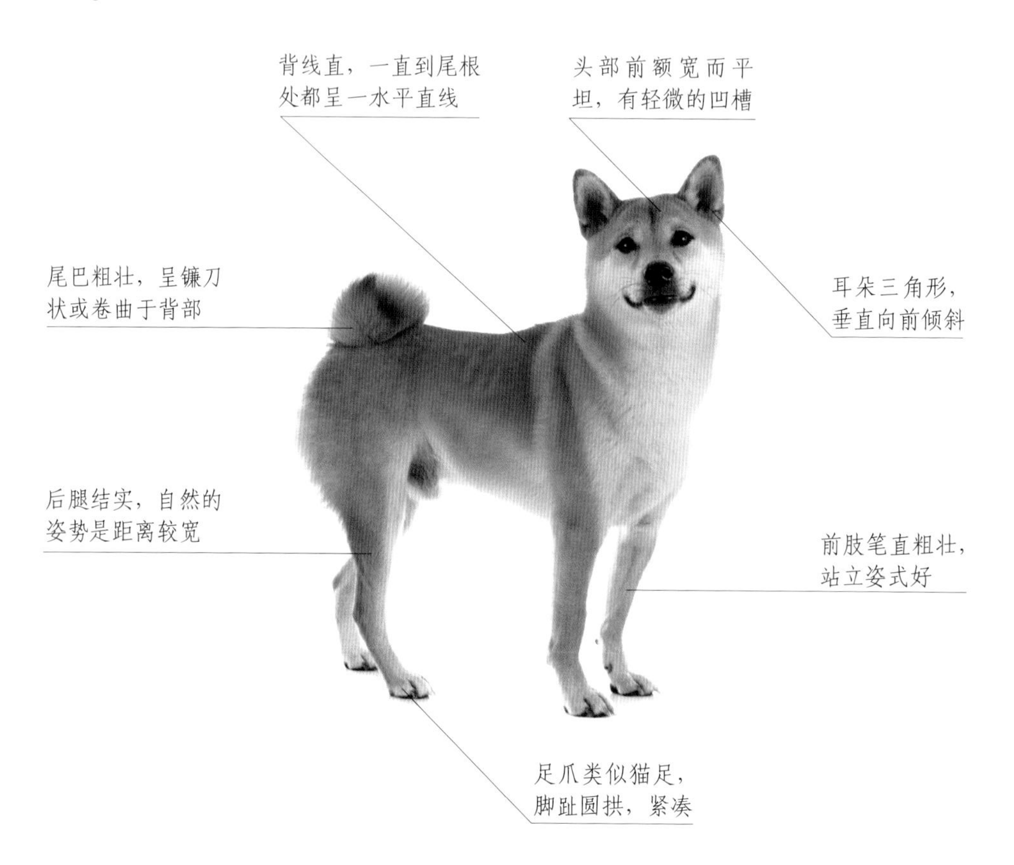

适养人群

日本柴犬秉性温和、气质良好、身体清洁，而且从不随意乱吠，各方面素质都不错，适合大多数家庭饲养，是非常优秀的伴侣犬。其敏锐的性格和强烈的警戒心，也让它成为很好的守门犬。

68. 荷兰毛狮犬

Keeshoud

别名：凯斯犬

肩高：43~46 厘米

原籍：荷兰

分类：绒毛犬 / 伴侣犬 / 警卫犬

体型：中型

体重：25~30 千克

寿命：12~15 年

参考价格：2000~8000 元

性格特点：荷兰毛狮犬性情开朗而不好斗，特别容易与人亲近，对人和其他狗都非常友好。它有着非常好的记忆力，善于观察事物，是出色的警卫犬，同时也能给饲养者带来无尽的欢乐。

犬种历史

荷兰毛狮犬是荷兰的国犬，被荷兰视为“人民之犬”。在18世纪以前，这种犬主要由社会中下层人民饲养，他们在反抗贵族统治阶层的时候，将荷兰毛狮犬描绘成具有爱国精神的“国犬”。几个世纪以来，荷兰毛狮犬的外貌几乎没有什么变化，至今仍保留着纯正的血统。20世纪初，荷兰毛狮犬被引入英国和美国等地，因其漂亮的外表和机警的表情深受人们的喜爱。作为一种富有情感的犬，荷兰毛狮犬一直是理想的家庭伴侣和灵敏的警卫犬。

由于经常被作为运河船上的警卫犬，荷兰毛狮犬也被称为“船犬”

步态特征

荷兰狮毛犬与众不同的步态是它的明显特征：动作粗放，尾巴保持卷在背后，动作活泼、整齐而敏捷，伸展和驱动轻微或适中。

被毛特征

荷兰毛狮犬身躯上覆盖着丰富、粗硬的被毛，披毛透过浓厚的、毛茸茸的底毛竖立在身躯上。头部覆盖着平滑、柔软的毛，耳朵上的毛质地像天鹅绒一样。颈部覆盖着鬃毛，雄性尤其丰厚。颜色方面，荷兰毛狮犬拥有引人注目的被毛，混合了灰色、黑色和奶酪色，这些颜色可能深浅不同。其外层毛发具有黑色末梢，末梢的长度造成了特殊的阴影。

项目	评分	项目	评分
运动需求量	●●●○○	关爱需求度	●○○○○
可训练度	●●●◐○	陌生人友善度	●●◐○○
初养适应度	●○○○○	动物友善度	●●●○○
兴奋程度	●○○○○	城市适应度	●●●●○
吠叫程度	●◐○○○	耐寒程度	●●●●◐
掉毛程度	●●●○○	耐热程度	●●●●○

体态特征

适养人群

荷兰狮毛犬体貌独特、身材匀称，永远面带机警和聪慧的表情。作为一种极富情感和招人喜爱的犬种，荷兰毛狮犬是理想的家庭伴侣犬和灵敏的警卫犬。护理被毛是唯一比较费心的事情，因此更适合有耐心且时间充足的人士饲养。

69. 芬兰狐狸犬

Finnish Spitz

家庭犬

别名：芬兰尖嘴犬

肩高：39~50 厘米

原籍：芬兰

分类：狩望猎犬 / 伴侣犬

体型：中型

体重：22~27 千克

寿命：10~12 年

参考价格：1000~5000 元

性格特点：芬兰狐狸犬活泼勇敢，性情开朗，是理想的宠物犬。其猎捕天性可用来寻找鸟群。但该犬非常闹，喜欢吠叫，且可用各种声音表达自己。该犬非常敏感，所以训练需既严格又温和。

芬兰狐狸犬身形匀称而不过分突出

犬种历史

芬兰狐狸犬是芬兰的国犬，具有几千年的历史。18 世纪之前，芬兰狐狸犬一直默默无闻，甚至出现灭绝的迹象。直到来自赫尔辛基的两个猎人发现了纯种的本地犬之后，通过一系列的努力将这个行将消失的品种挽救了下来。现今的芬兰狐狸犬保留了原来狐狸犬的优秀品质，并得以改良。芬兰狐狸犬在芬兰和瑞典是最普通的本地工作犬品种，但在世界其他地方很少见。它一般夏天跟随主人打猎，冬天则躲在户内温暖的狗窝里。芬兰狐狸犬是很少用来展示的品种。其狩猎时精力充沛，一般被用来追踪狩猎野兔、獾和狐狸，即使在极困难情况下也锲而不舍。

步态特征

芬兰狐狸犬的脚步轻快而活泼，小跑姿态优美，速度快时趋向于单轨迹运动，持续力非常强。在打猎时，它用脚趾进行飞跑，理想的前后躯角度能使它迅速改变工作时的步态，显得非常敏捷。

被毛特征

芬兰狐狸犬的被毛为双层，外层毛长而且硬直，颈部和背部的外层毛较其他部位长。下层绒毛短而柔软，头部和腿部的下层绒毛最短，尾巴处的毛和大腿后面的毛最长、最密。其中，丝状、波状、卷曲状的被毛都不符合标准。颜色方面，以金红色为主，允许的变化范围是从蜂蜜色到深赤褐色不等，其中没有偏爱，只要颜色明亮而清晰即可。

芬兰狐狸犬拥有一身金红色的华丽被毛

项目	评级	项目	评级
运动需求量	●●●◐○	关爱需求度	●●●○○
可训练度	●●●○○	陌生人友善度	●●◐○○
初养适应度	●●◐○○	动物友善度	●●◐○○
兴奋程度	●●●○○	城市适应度	●●●○○
吠叫程度	●●●◐○	耐寒程度	●●●●○
掉毛程度	●●●○○	耐热程度	●●●◐○

体态特征

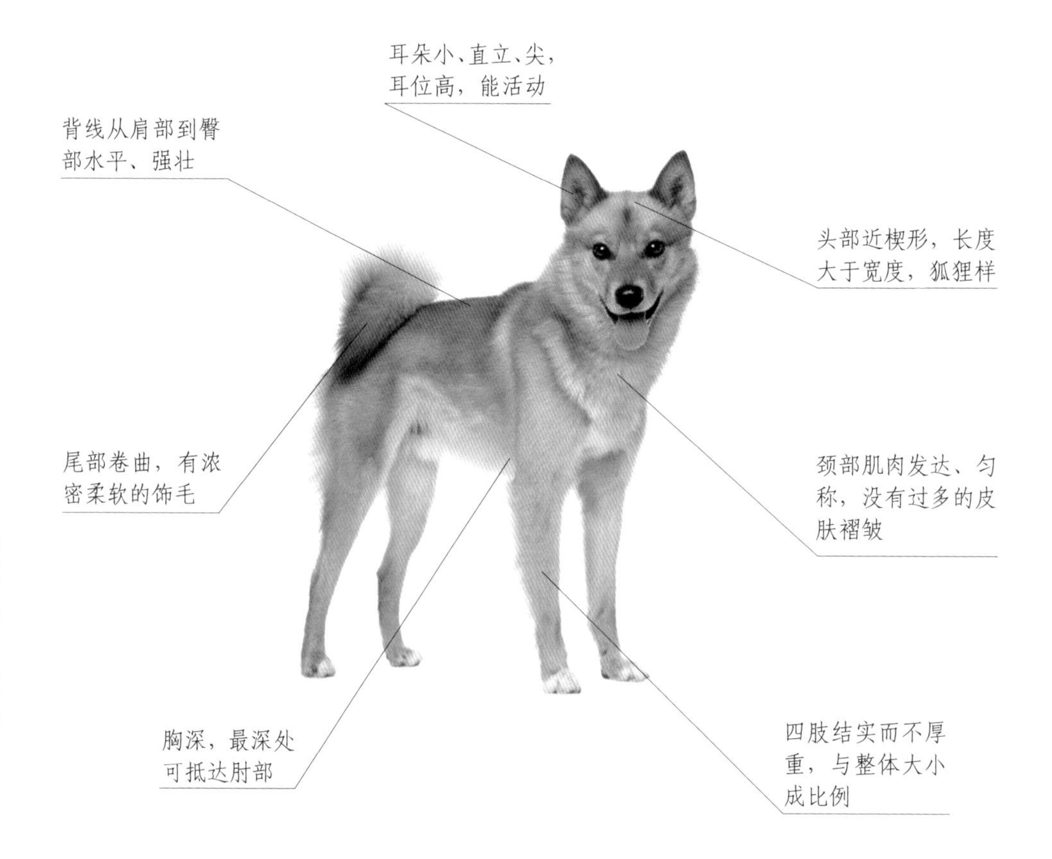

适养人群

芬兰狐狸犬主要是作为家庭犬饲养，虽然它最主要的功能是用来狩猎，但作为受孩子喜欢的温和犬种，它也是相当不错的伴侣犬。不过此犬天生喜爱吠叫，公寓饲养要注意训练，以免扰民。

70. 拉萨狮子犬

Lhasa Apso

别名：拉萨犬

体型：小型

肩高：25~28 厘米

体重：6~7 千克

原籍：中国西藏

寿命：15~18 年

分类：守门犬 / 伴侣犬

参考价格：2000~10000 元

性格特点：拉萨狮子犬欢快而自信，亲和而开朗，自尊心很高，警戒心很强，对可信赖的主人非常顺从，对陌生人则警戒心十足。该犬虽然个头不大，但天性凶悍勇敢，是很出色的守卫犬。

犬种历史

拉萨狮子犬也叫拉萨犬、西藏犬，至今已有2000多年的历史，因其形体外貌如狮子，故也叫狮子犬。拉萨犬最初由寺庙里的僧侣饲养，是僧侣的陪伴犬和寺院的守卫犬。该犬还被僧侣视为神圣之物，认为饲养者死后，灵魂会寄附于狗的体内，可给饲养者带来好运。历史上，达赖喇嘛曾将拉萨狮子犬作为赠礼，进贡朝廷和邻邦，结交达官贵人。拉萨狮子犬因其华丽的外表而流传世界各地。

被毛特征

拉萨狮子犬的被毛非常直，触感很硬，上层毛长、粗、直，下层毛丰厚；特别是头部、尾部的被毛最丰富，可拖至地面；沿着背骨，被毛左右清楚分开，十分漂亮。

饲养须知

拉萨狮子犬被毛长而丰盛，故每天都要进行梳理和刷毛。梳毛的方法和其他犬类相同。该犬非常忠诚，换主人对它来说是难以想象的。因此，饲养该犬最好是从幼犬起一直养到老，不要中途换主人，否则会因怀念旧主人而不服从新主人的管教和指挥，即使经过较长时间也不易改变过来。

特殊的高原环境培养了拉萨狮子犬坚韧的性格，使其成为一种非常长寿的犬种

项目	评级	项目	评级
运动需求量	●●○○○	关爱需求度	●●○○○
可训练度	●◐○○○	陌生人友善度	●○○○○
初养适应度	●◐○○○	动物友善度	●●○○○
兴奋程度	●●●◐○	城市适应度	●●●●◐
吠叫程度	●●●○○	耐寒程度	●●●●○
掉毛程度	●●●◐○	耐热程度	●●●●○

体态特征

适养人群

拉萨狮子犬警觉性很高，分辨陌生人的能力很强，因此非常适合作为守门犬饲养。由于该犬体型不大，运动需求适量，聪明听话，忠于主人，因此比较适宜在家庭饲养，并且能成为很好的伴侣犬。该犬喜欢吠叫，公寓饲养时一定要加以科学训练。

71. 西藏猎犬

Tibetan Spaniel

家庭犬

别名：袖狗 / 祷告犬

肩高：24~25 厘米

原籍：中国西藏

分类：古老犬 / 伴侣犬

体型：小型

体重：4~7 千克

寿命：13~14 年

参考价格：1000~5000 元

性格特点：西藏猎犬是一种小巧、活泼且警惕的犬。它欢快而自信，非常聪明，外貌就给人很智慧的感觉。其独立性很强，喜欢避开陌生人，偶尔会有点神经质的表现。

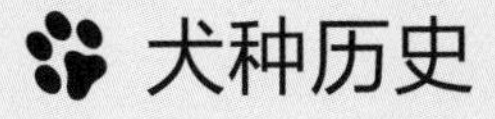

犬种历史

西藏猎犬是起源于中国西藏的古老犬种，普遍认为，从公元7世纪起西藏猎犬就已经出现了。最初西藏猎犬是由寺院饲养的。虽然名叫猎犬，但它从来没有参与过打猎。传说这种狗是用于祈祷的，具有高度智慧，被训练用来帮助僧侣们转动转经筒，并作为僧侣的伴侣犬，帮助僧侣看家护院。后来西藏猎犬传入京城，在清朝皇宫中饲养，因此也称宫廷犬。这种犬性格独立、自信，是令人满意的伴侣犬。

吠叫特点

除个别西藏猎犬会发出狼嗥似的叫声以外，一般的西藏猎犬都只能发出“汪、汪”的吠叫声。虽然吠叫是守门犬、护卫犬和警卫犬的必备条件之一， 但是，过分地吠叫会使主人感到烦躁，也影响左邻右舍，所以要从小训练，使它不随便乱叫。

被毛特征

西藏猎犬拥有双层被毛，质地为丝质。整体毛发长度适中，较平坦。耳朵和腿后面有精致的羽状饰毛，尾巴和臀部上的毛发较长。颈部有丰富的“鬃毛”或“披肩”，雄性比雌性更明显。毛色有乳白、乳黄、棕褐色、深棕等多种颜色。

运动需求量	●●◐○○	关爱需求度	●◐○○○
可训练度	●●●●○	陌生人友善度	●◐○○○
初养适应度	●◐○○○	动物友善度	●●○○○
兴奋程度	●◐○○○	城市适应度	●●●●○
吠叫程度	●●●○○	耐寒程度	●●●●○
掉毛程度	●●◐○○	耐热程度	●●●●○

体态特征

适养人群

西藏猎犬活泼可爱，身材娇小匀称，能适应城市生活，寿命也较长，作为伴侣犬是非常好的选择。虽然该犬相对喜欢吠叫，但大多数情况是出于保护家庭财产或者“领地”的需要。因此总体来说，它是一种令人满意的家庭伴侣犬。

72. 西帕凯犬

Schipperke

别名：西帕基犬 / 舒伯齐犬
肩高：22~33 厘米
原籍：比利时
分类：伴侣犬 / 守门犬
体型：小型
体重：5~8 千克
寿命：10~13 年
参考价格：1000~3000 元

性格特点：西帕凯犬是一种温和可爱、能与孩子们融洽相处的犬种。它有很强的好奇心，对周围每件事物都感兴趣，是一种极好的、忠实的守门犬，随时准备保护主人的家庭和财产。

犬种历史

西帕凯犬起源于比利时的法兰德斯地区。关于这种犬的历史记载很少，据说西帕凯犬为早已绝种的古代比利时牧羊犬的后代，也有人认为此犬为狐狸犬的后代。西帕凯犬在法兰德斯语中有“小船长”或“乘船”的意思。在比利时低洼地带的河边，西帕凯犬被饲养者用来看守运河船和捕捉老鼠。该犬一直深受比利时人的喜爱，被视为比利时国产犬种之一。

西帕凯犬分有尾和无尾两种，有些天生就没有尾巴。正式比赛时需要断尾

被毛特征

西帕凯犬的被毛非常特殊，必须具有几种不同的自然长度，形成特殊的样式。脸部、耳朵、前腿前面的被毛短；身躯的被毛是中等长度，而颈部周围的底毛浓厚，形成直立的脖圈。该犬的被毛丰富，质地略显粗硬，但底毛较短且非常柔软。颜色方面，外层披毛的颜色为黑色，其他任何颜色都属失格。

步态特征

西帕凯犬的步态灵活轻巧、平顺稳健，属于非常优美的小跑。在快速奔跑时，为了保持平衡，该犬的足爪会向身躯中心线收拢；前后躯非常协调，前躯伸展充分，后躯驱动有力。无论从任何角度观察，都能感觉到它的步态方式非常流畅、自然。

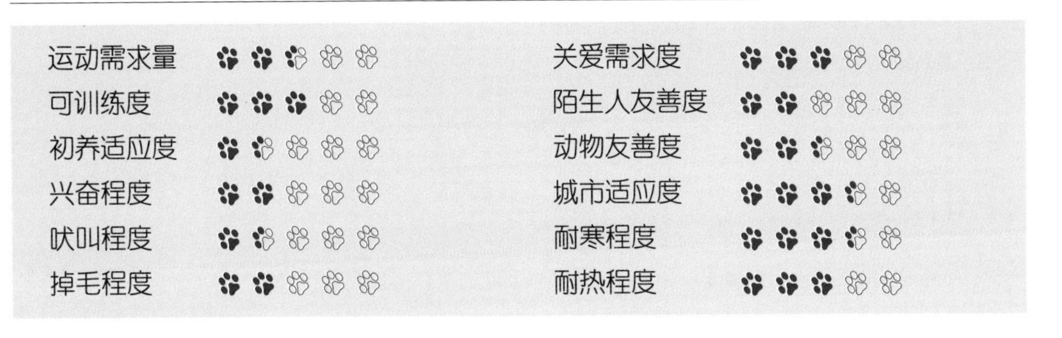

体态特征

适养人群

西帕凯犬警戒性极强，虽不喜欢争斗，但在保护主人及其家人的时候，即使对手再强大，也会勇敢应战，是非常忠心的守门犬。此外，该犬小巧、温柔，喜欢和小孩子做游戏，是非常不错的家庭伴侣犬。

玩赏犬：生活中的小伴侣

玩赏犬顾名思义就是能陪伴主人且能给主人带来欢乐的犬。这类犬大多数体型娇小，性格活泼，相貌甜美或滑稽，经常可以逗得主人开怀大笑。玩赏犬一般不能胜任工作的要求，但是人们依然选择培育它们，原因是它们体型小，需要的食物也很少，容易饲养，同时能成为非常好的伴侣，满足人们的精神需要。在过去，饲养玩赏犬一直是身份和地位的象征，例如著名的北京犬、骑士查理王猎犬都曾经是皇室贵族独有的宠物。

73. 巴哥犬

Pug

别名：巴哥 / 八哥 / 哈巴狗
体型：小型
肩高：25~28 厘米
体重：6~8 千克
原籍：中国
寿命：13~14 年
分类：伴侣犬 / 守门犬
参考价格：1000~5000 元

性格特点：巴哥犬给人的第一印象是大眼突出、面目狰狞，但实际上它善良、聪明。该犬感情丰富、个性开朗、性格稳定、记忆力强，喜欢和小朋友玩。

巴哥犬乖巧安静，感情细腻，广受老年人喜爱

犬种历史

关于巴哥犬的发源地说法不一。一种说法是此犬产地为中国，16世纪由葡萄牙、西班牙人带回欧洲。以后，法国、意大利和俄国人也陆续将巴哥犬带回国，经过改良和繁育，使之遍布全欧洲。另一种观点认为，此犬产于苏格兰低地，传到亚洲后再由荷兰商人从远东地区带回西方。但大多数人认同的观点是，此犬是东方犬种，源自北京犬的短毛种，实际祖籍为中国东北，满族人称其为哈巴狗，后来和斗牛犬交配而成。巴哥犬因其面貌古怪，性格活泼可爱而广受欢迎。如今巴哥犬已经遍及全世界，尤其受老年人的喜爱。

饲养须知

巴哥犬活泼好玩，属于一种常见的家庭宠物犬。但饲养巴哥犬并不是一件轻松的事情。首先，每天必须给予巴哥犬一定的活动时间，让其达到一定的运动量。但此犬呼吸道特别短，不宜进行剧烈的运动，否则会因呼吸急促而引起缺氧，最好是早晨和傍晚带它出去散步。外出时，要为它戴上项圈，以限制其作出剧烈运动。另外，巴哥犬是一种较贪食的犬类，永远不知道吃饱是什么感觉，因此一定要掌握好供食的量。喂饲要定时定点，以养成良好的进食习惯。

项目	评级	项目	评级
运动需求量	●●○○○	关爱需求度	●◐○○○
可训练度	●●◐○○	陌生人友善度	●●●○○
初养适应度	●○○○○	动物友善度	●●●○○
兴奋程度	●○○○○	城市适应度	●●●●●
吠叫程度	●●●○○	耐寒程度	●●●●○
掉毛程度	◐○○○○	耐热程度	●●●◐○

体态特征

适养人群

巴哥犬是温柔体贴、感情丰富的小型犬种，它的运动需求量不大，爱干净，不需要经常整理背毛，所以非常适合在城市的公寓内饲养，尤其适合做老年人的家庭伴侣犬。

74. 北京犬

Pekingese

别名：京巴 / 狮子狗

体型：小型

肩高：15~23 厘米

体重：3~6 千克

原籍：中国

寿命：12~13 年

分类：伴侣犬 / 观赏犬 / 古老犬

参考价格：1000~5000 元

性格特点：北京犬优雅而精致，气质高贵。它集聪慧、机灵、勇敢、倔强于一身，性情温顺可爱，非常有个性，而且表现欲强，对主人极有感情，对陌生人则比较警惕、猜疑。

北京犬是一种非常古老的犬种，已有 4000 年的历史，护门神“麒麟”就是它的化身

犬种历史

北京犬原产中国，俗称京巴。早期的北京犬属于贵族犬，生活在皇宫之内，是历朝历代备受宠爱的玩赏犬。1860 年，八国联军进入北京，将 5 只北京犬带回欧洲。1893 年，第一只北京犬在英国展出，因其惊人的美丽和传奇的历史成为焦点。1906 年，北京犬正式在美国登记注册，迅速获得了美国人的喜爱。如今，北京犬已经发展到世界各地，并多次在欧洲犬展中获得“冠军犬”称号。

被毛特征

北京犬被毛质地非常好，外层毛长而直，内层毛厚且柔软。颈部和肩部周围有长的鬃毛，其他部分的被毛稍短。被毛长而浓密者最理想，但不能影响身体的轮廓外观。

饲养须知

北京犬抗病和抵御恶劣环境的能力不强。在炎热的夏天，特别是闷热天，它会出现呼吸困难，甚至发病。平时不要让它在烈日直晒下活动，必要时应为其降温或移到通风凉爽处。天气忽冷忽热时，要给予调节，防止其受凉感冒。另外，每天给北京犬梳毛，保持漂亮体型，每个月洗 3 次澡，洗澡后记得充分吹干。

项目	评级	项目	评级
运动需求量	●○○○○	关爱需求度	●●◐○○
可训练度	●●○○○	陌生人友善度	●●●○○
初养适应度	●○○○○	动物友善度	●●●○○
兴奋程度	●●●○○	城市适应度	●●●●●
吠叫程度	●●●○○	耐寒程度	●●●◐○
掉毛程度	●●●○○	耐热程度	●●●○○

体态特征

适养人群

北京犬外观漂亮，性格乖巧安静，感情细腻，尤其是它娇小的身材和水汪汪的大眼睛，广受老年人的喜爱，非常适合在城市公寓内饲养。但是，北京犬因为身体结构方面的原因，抗病能力稍差，需要主人细心观察和护理。

75. 博美犬

Pomeranian

别名： 波美拉尼亚犬 / 松鼠犬

体型： 小型

肩高： 18~22 厘米

体重： 2~3 千克

原籍： 德国

寿命： 12~15 年

分类： 伴侣犬 / 观赏犬 / 绒毛犬

参考价格： 1000~5000 元

性格特点：博美犬具有警惕的性格、聪明的表情、轻快的举止和好奇的天性，是一种性格外向、聪明活泼的狗。它虽属于小型犬种，但遇到突发状况会展现勇敢、凶悍的一面。

博美犬径直向前运动，动作连贯有弹性

犬种历史

博美犬属尖嘴犬系品种，祖先为北极的雪橇犬。早期的博美犬体型较大，且大多是白色。博美犬的名字来源于波兰及德国沿海交界地的波美拉尼亚地区。这是因为博美犬曾在该地区进行过成功的改良而逐渐被培养成玩赏犬。

1750 年，博美犬走出波美拉尼亚，传到欧洲各国，1870 年正式被英国俱乐部承认，从那以后该犬才被越来越多的人知道。1888 年，英国维多利亚女王在访问意大利时，得到当地人民赠送的一只漂亮的博美犬，并带回英国。女王的宠爱极大推动了博美犬在世界各地的发展。

被毛特征

博美犬拥有一身漂亮的被毛，光亮而且质地粗硬。厚厚的底毛支撑起外层被毛，使外层毛能竖立在身体上。脖子、肩膀前面和前胸的被毛浓密，在肩和胸前形成装饰。头部和腿部的被毛比身体其他部分的被毛短，紧贴身体。前肢的饰毛延伸到脚腕，尾巴上布满长、粗硬、散开且直的被毛。

饲养须知

博美犬的养护工作相对较繁琐。其华丽的被毛不仅需要经常修剪，还需每日细心梳理。博美犬体毛丰厚，换毛期的脱毛量大，应经常保洁护理，每周洗澡两次为宜。博美犬适合室内饲养，但因其活泼好动，所以每日最好让它在户外运动或散步。

博美犬的被毛颜色包括白色、黑色、褐色、橙色等

项目	评分	项目	评分
运动需求量	●○○○○	关爱需求度	●●●○○
可训练度	●●○○○	陌生人友善度	●●●○○
初养适应度	●○○○○	动物友善度	●●●○○
兴奋程度	●●◐○○	城市适应度	●●●●●
吠叫程度	●●◐○○	耐寒程度	●●●◐○
掉毛程度	●●●◐○	耐热程度	●●●○○

体态特征

适养人群

博美犬身形轻巧，娇俏可爱，对生活环境要求不高，很适合居住环境狭窄的城市人群室内饲养。另外，该犬警惕性很强，不但可供玩赏，也可作为守门犯。但博美犬护理工作较繁琐，不适合生活忙碌的人士饲养。

76. 骑士查理王猎犬

Cavalier King Charles Spaniel

别名： 查尔斯王小猎犬

肩高： 31~33 厘米

原籍： 英国

分类： 伴侣犬 / 观赏犬

体型： 小型

体重： 5~8 千克

寿命： 9~12 年

参考价格： 3000~20000 元

性格特点：骑士查理王猎犬是一种活泼、文雅、匀称的玩具犬，非常华丽、大方，具有喜欢运动、勇敢的特点。在这一品种中，这种典型的贵族气质非常重要。

犬种历史

骑士查理王猎犬是很古老的一个犬种，大约起源于15世纪，原产英国。该犬种是英国王室贵族最喜爱的宠物犬，许多描绘贵族生活的绘画和挂毯中都有这种犬。而国王查理二世对这种犬的痴迷更是到了极致，为了能够让爱犬常伴左右，他甚至颁布了一道法令，特别允许“查理王”可以出入任何公共场合，包括通常禁止任何动物进入的国会大楼。此犬由此得名。1946年，骑士查理王猎犬获得了第一个挑战赛的证书。从那时起，该犬成了英国最受欢迎的犬种之一。

骑士查理王猎犬非常善于察言观色，所以能轻而易举地博取主人的欢心

综合评价

骑士查理王猎犬是世界上唯一以国王之名命名的犬种。这响亮的名称，配上它雍容的姿态，使它自古以来就是英国王公贵族们的最爱之犬，时至今日，还时常受到演艺明星及名流权贵的青睐。尽管名为猎犬，其实它从不参加任何狩猎工作，它的唯一工作就是陪在主人身边，用欢快的个性与可爱的动作带给主人无上的乐趣。

或许与祖先们每天在皇宫里耳濡目染有关，骑士查理王猎犬本身就具有浓厚的贵族气息，再加上天生聪颖，所以不需要经过太多的训练，它们自然就有一种娇贵优雅的气质。

项目	评分	项目	评分
运动需求量	●○○○○	关爱需求度	●●◐○○
可训练度	●●○○○	陌生人友善度	●●●○○
初养适应度	●○○○○	动物友善度	●●●○○
兴奋程度	●●◐○○	城市适应度	●●●●●
吠叫程度	●●◐○○	耐寒程度	●●●◐○
掉毛程度	●●●●○	耐热程度	●●●○○

体态特征

适养人群

骑士查理王猎犬极富绅士风度，感情丰富，能适应各种家庭环境。它可以陪伴喜欢安静的老人，也很适合喜欢运动的年轻人，但不适合工作过于紧张、无时间陪伴宠物的家庭饲养。

77. 蝴蝶犬

Papillon

别名：蝶耳犬

肩高：20~28 厘米

原籍：法国

分类：伴侣犬 / 绒毛犬 / 古老犬

体型：小型

体重：3~5 千克

寿命：9~12 年

参考价格：1000~5000 元

性格特点：蝴蝶犬性格柔弱、聪颖，是非常容易亲近的犬种。其体格比外表看起来强壮，喜欢户外运动。该犬对主人极具独占心，对第三者会起嫉妒心，但对陌生人较冷漠。

犬种历史

蝴蝶犬原产于法国，是欧洲最古老的犬种之一。也有人认为蝴蝶犬的祖先是由中国传到西班牙的猎鹬犬。蝴蝶犬深受法国贵族的宠爱，从而确定了蝴蝶犬在犬界的地位。早期贵妇们的肖像中就少不了蝴蝶犬的身影，足见其受欢迎的程度。

19 世纪，法国及比利时的爱犬者致力于繁衍直立耳品种的蝴蝶犬，耳朵上的长毛直立装饰，犹如翩翩起舞的蝴蝶。美国及英国的蝴蝶犬爱好者也致力繁衍该品种，改良出体型更小的蝴蝶犬。1935 年美国蝴蝶犬俱乐部成立，蝴蝶犬正式成为美国养犬俱乐部的成员。

蝴蝶犬外观十分漂亮，尤其受女士们的钟爱

蝴蝶犬的头部色彩多样，而且左右对称

被毛特征

蝴蝶犬的被毛丰富，平滑而耐摸，有丝一样的手感。毛平直，很细，略卷曲成波状。躯体上的被毛长度适中，脖颈部分稍长，而胸部开始以波浪样变短，在耳部、前腿后部形成饰毛。

综合评价

蝴蝶犬是集众多优点于一身的优秀犬种。它的外观漂亮，体味轻，口水少，很少掉毛，也不会无缘无故地吠叫。最重要的是，它的智商在所有犬种当中名列前茅，很容易训练。总之，这是一种综合指数相当高的家庭伴侣犬。

项目	评分	项目	评分
运动需求量	●○○○○	关爱需求度	●●○○○
可训练度	●●●◐○	陌生人友善度	●●◐○○
初养适应度	●○○○○	动物友善度	●●◐○○
兴奋程度	●●●●○	城市适应度	●●●●●
吠叫程度	●○○○○	耐寒程度	●●●○○
掉毛程度	◐○○○○	耐热程度	●●●●○

体态特征

适养人群

蝴蝶犬娇小可人，外观十分漂亮，非常适合女士在公寓内饲养，也适合老年人饲养。但是需要勤于护理它的长毛，最好每天用猪鬃毛刷梳理。此犬的趾爪要及时修剪，尖锐的趾爪会损伤主人的衣服和身体。

78. 迷你贵宾犬

Poodle

别名： 贵妇犬 / 泰迪犬

体型： 小型

肩高： 25~38 厘米

体重： 6~9 千克

原籍： 法国

寿命： 13~15 年

分类： 伴侣犬 / 观赏犬 / 比赛犬

参考价格： 1000~3000 元

性格特点：迷你贵宾犬聪明、活泼、性情优良、极易近人，是一种忠实的犬种。迷你贵宾犬体型小，个性好动、欢快，非常机警，喜欢外出，性格脾气好，适应力强。

犬种历史

对贵宾犬的原产地一直有很多争议，一般认为，贵宾犬最早来自法国，也是法国的国犬。贵宾犬分为标准犬、迷你犬、玩具犬三种。它们之间的区别只是在于体型的大小不同。最早的贵宾犬为标准型，迷你贵宾犬和玩具贵宾犬是由标准贵宾犬与马尔济斯犬及哈威那犬杂交培育而来的小型品种。

标准贵宾犬属于猎犬，而迷你贵宾犬仅是伴侣犬。迷你贵宾犬在 18~19 世纪的马戏团中十分流行。19 世纪末，贵宾犬首次被介绍到美国。大约在 20 世纪中期，贵宾犬是世界上最流行的犬种，它在美国 AKC 缔造了连续 23 年排名第 1 的纪录，至今仍无可取代。

美容造型

迷你贵宾犬拥有比例匀称的身材，非常适合人工塑造外形，让其更加美观。一般饲养贵宾犬，需要按传统的修剪方式进行精心美容，使其具有与众不同的神态和特有的高贵姿态。贵宾犬的修毛方式有很多种，包括“芭比型”“运动型”“欧洲型”“英国鞍座型”等。由于修毛比较复杂，最好找专业人士帮忙，否则会适得其反。

贵宾犬的智商仅次于边境牧羊犬，非常聪明，一直是马戏团中的表演台柱

运动需求量	3	关爱需求度	4
可训练度	5	陌生人友善度	3
初养适应度	1	动物友善度	3
兴奋程度	4	城市适应度	5
吠叫程度	4	耐寒程度	3
掉毛程度	1	耐热程度	4

体态特征

适养人群

迷你贵宾犬具有非常多的优点，它的智商很高、无体味、不掉毛，是很好的公寓犬。但贵宾犬比较娇气、非常黏人，美容护理繁琐，更适合拥有爱心、责任心和有一定经济能力的人饲养，不适合工作、学习繁忙的人士。

79. 哈威那犬

Havanese

别名： 哈瓦那犬	**体型：** 小型
肩高： 20~28 厘米	**体重：** 3~6 千克
原籍： 古巴	**寿命：** 12~15 年
分类： 伴侣犬 / 绒毛犬	**参考价格：** 2000~5000 元

性格特点：哈威那犬聪明友善，文雅敏感，甚至有点儿怕羞。它们是天生的伴侣，依恋主人，对孩子特别友好，喜欢和小孩及别的动物相处。该犬的个性活泼，喜欢玩耍，善于表现自己以吸引众人的目光。

犬种历史

哈威那犬是古巴唯一的本地犬种，据说是由西班牙水手从加那利群岛带到古巴的。当时的古巴受到西班牙殖民者的控制。作为繁荣的殖民地，在古巴，哈威那犬得到很好的普及。随着古巴革命，哈威那犬也离开了古巴，它们以不同的方式到达世界各地，并逐渐受到人们的喜爱。

步态特征

哈威那犬的步态轻快、自然而有弹性。它的前肢直，肩部不受拘束，而后肢驱动力强，使其行动呈直线，行走中尾巴翻卷在背上，明显体现了哈威那犬欢快的特点。

被毛特征

哈威那犬拥有两层毛，无论是上层毛还是底层毛都同样柔软，有着丝绸般的手感。它的毛发很长，很丰厚，显得十分自然。被毛的类型包括从直毛到卷毛，波浪状被毛是最理想的。被毛的颜色有很多种，从纯白色到淡黄色、淡橙黄色、金色、黑色、蓝色、银色、咖啡色，或所有这些颜色的部分或全部的组合。

哈威那犬的被毛像丝绵，很浓密，但极轻且软，使其能很好地抵抗热带的阳光照射

项目	评分	项目	评分
运动需求量	●◐○○○	关爱需求度	●○○○○
可训练度	●●●◐○	陌生人友善度	●●●◐○
初养适应度	●○○○○	动物友善度	●●●◐○
兴奋程度	●○○○○	城市适应度	●●●●●
吠叫程度	●○○○○	耐寒程度	●●●◐○
掉毛程度	●●○○○	耐热程度	●●●◐○

体态特征

适养人群

哈威那犬是一种强壮、安详的短腿小狗，是一种充满感情的快乐小狗。它几乎满足了所有在公寓内饲养狗的要求，譬如智商高、体味小、不吵闹等，是极好的家庭宠物犬，尤其适合老年人饲养。

80. 中国冠毛犬

Chinese Crested

别名：无毛犬 / 半毛犬

体型：小型

肩高：23~33 厘米

体重：2~5 千克

原籍：中国

寿命：10~12 年

分类：伴侣犬 / 古老犬

参考价格：3000~20000 元

性格特点：中国冠毛犬性格开朗、活泼、机智、勇敢，警惕性很高，既不咬人，也不吵闹。它体型小，温柔且爱干净，体无臭味，亲切可爱，能表演，观赏性强。

犬种历史

关于中国冠毛犬的原产地一直有多种说法。有人认为此犬起源于中国，大约在16世纪，由中国的航海家带到世界各地的港口，并传播开来。还有人认为此犬来源于非洲，是由非洲裸犬演化而来。尽管这种犬并不确定来自中国，但西方人认为，该犬的头冠很像中国清朝官员的帽子，因此得名“中国冠毛犬”。

冠毛犬是犬中的稀有品种，在英国和美国，冠毛犬一直很受当地养犬协会和养犬俱乐部的器重。在19世纪后期，冠毛犬开始参加美国的犬展。1991年2月1日美国养犬俱乐部正式将中国冠毛犬登记在册，同年4月1日中国冠毛犬开始参加美国养犬俱乐部举办的各种犬展。

被毛特征

冠毛犬只在身体的几个部位有毛：头部（叫冠毛）、尾巴（叫尾羽）、前腕和后腕（叫短袜）。所有的毛发不论垂到什么长度，都像丝一样软。有毛发的区域通常逐渐变细。除这些部位之外，身体上其他地方都没有毛，皮肤柔软且光滑。冠毛从止部开始，从头颅到后颈这段区域逐渐减少。

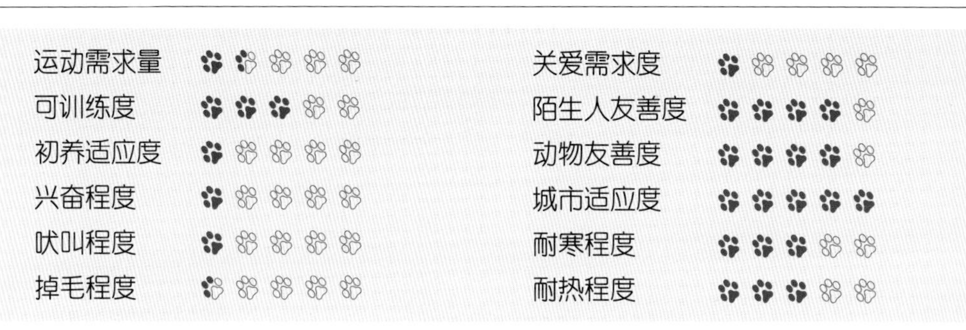

项目	评级	项目	评级
运动需求量	●◐○○○	关爱需求度	●○○○○
可训练度	●●●○○	陌生人友善度	●●●●○
初养适应度	●○○○○	动物友善度	●●●●○
兴奋程度	●○○○○	城市适应度	●●●●●
吠叫程度	●○○○○	耐寒程度	●●●○○
掉毛程度	◐○○○○	耐热程度	●●●○○

体态特征

适养人群

中国冠毛犬很爱干净，不掉毛，性格温顺，喜欢和人亲近，不需要很大的运动量，只需让其在室内活动或室外散步就够了，因此是一种很适合家庭饲养的玩赏犬。但由于其体表无毛，皮肤需要精心呵护。

81. 吉娃娃

Chihuahua

别名：茶杯犬 / 奇娃娃

体型：小型

肩高：15~23 厘米

体重：1~3 千克

原籍：南美

寿命：12~14 年

分类：伴侣犬 / 玩赏犬

参考价格：1000~5000 元

性格特点：吉娃娃聪颖、活泼、黏人，行动警惕，具有坚韧的意志，十分勇敢，能在大犬面前自卫，甚至具备一定的狩猎能力，具有类似㹴类犬的气质。另外，它不喜欢外来的同品种的狗。

犬种历史

吉娃娃是世界上最小型的犬，属于极小型犬。对于吉娃娃的原产地一直有多种说法。有人认为此犬原产于南美，后经墨西哥传入美国；也有人认为此犬是随西班牙的侵略者到达美洲大陆的新品种；还有人判断此犬原产于南美，初期被印加族人视为神圣的犬种，根据是来自墨西哥发掘的小型犬骨骸。总之，吉娃娃的确切来源众说不一。以上各种判断，可以说明此犬绝非源自一种品种，而是自古以来就是由多个品种杂交而来。1923年美国成立吉娃娃犬俱乐部。吉娃娃是美国最受欢迎的12个犬种之一。

吉娃娃嫉妒心比较强，对主人极有独占心

综合评价

大多数吉娃娃的肩高在20厘米以下，重量最好不超过3千克，越小越受人喜爱。它的毛发非常柔软，紧密、光滑，毛色有奶油色、红色、褐色、黑色中带有黄褐色，常见的颜色为淡褐色、栗色和白色。

吉娃娃比较畏寒，不宜养于室外的犬舍，冬天外出需要加外衣御寒，或者少外出。吉娃娃天生饭量小，可新陈代谢却很快，很容易饥饿，最好是一天多喂几次食，以温热的干饲料为主，也可适度搭配一些湿的饲料。

吉娃娃较不耐寒，要注意为其保暖

项目	评级	项目	评级
运动需求量	●○○○○	关爱需求度	●●◐○○
可训练度	●●○○○	陌生人友善度	●●○○○
初养适应度	●○○○○	动物友善度	●●◐○○
兴奋程度	●●●○○	城市适应度	●●●●●
吠叫程度	●●◐○○	耐寒程度	●●○○○
掉毛程度	●●●○○	耐热程度	●●●◐○

体态特征

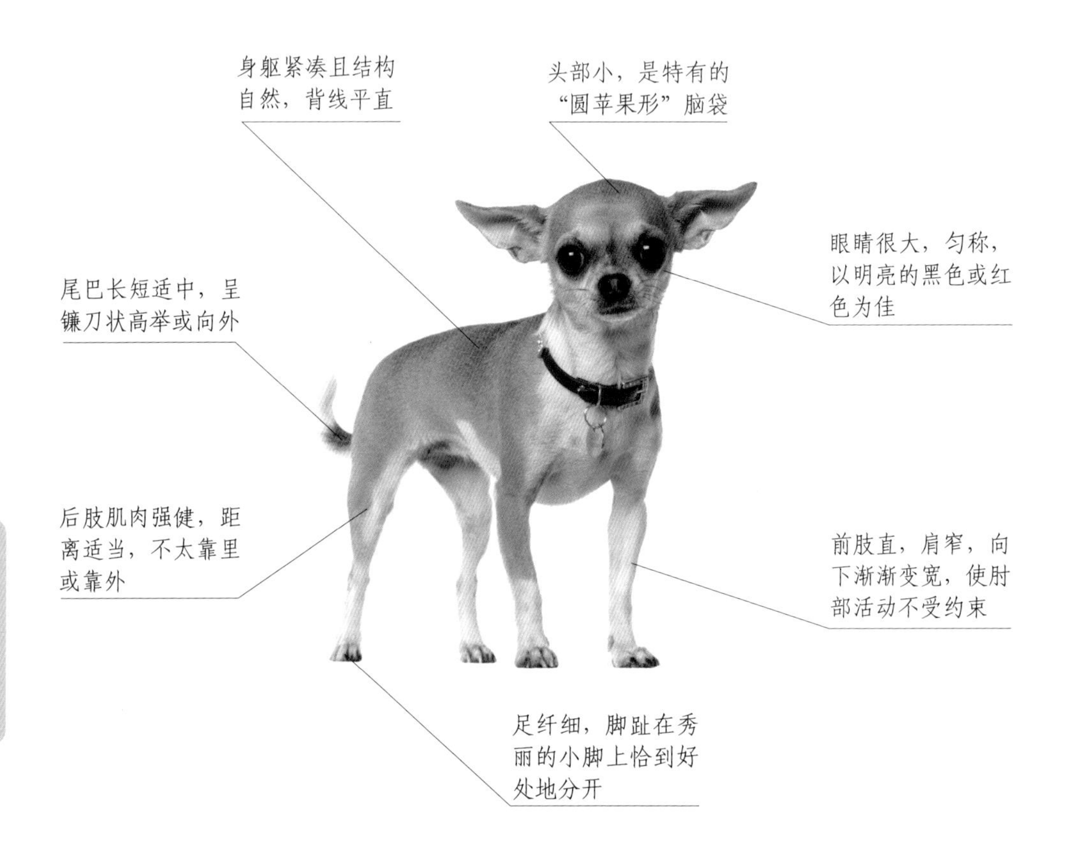

适养人群

吉娃娃身材娇小，对生活空间的要求不是很高，基本上一般住所的空间就够它玩耍了。吉娃娃每天的运动量也不多，不用经常花时间带它出去玩，非常适宜在公寓里面饲养。

82. 约克夏狸犬

Yorkshire Terrier

别名：约瑟犬 / 约克郡狸

体型：小型

肩高：22~23 厘米

体重：2~3 千克

原籍：英国

寿命：12~14 年

分类：伴侣犬 / 狸类犬 / 捕鼠犬

参考价格：1000~10000 元

性格特点：约克夏狸犬是一种聪明的玩赏犬，别看它个子小，却勇敢、忠诚又富有感情。它生气勃勃、友善好动、动作敏捷、充满了热情，偶尔会固执己见甚至倔强。

约克夏㹴犬的体型仅大于吉娃娃，是世界上最受人们喜爱的迷你型犬种之一

犬种历史

约克夏㹴犬的发展历史不到 200 年，确切的起源已无法考证。据说 18 世纪末期，一些苏格兰人南下到约克郡找工作时，将各种㹴类犬带至此地，后来这些㹴犬和当地类似㹴的土著犬异种交配，培养出现在的约克夏㹴犬。

1861 年，约克夏㹴犬首次在英国犬展中露面，当时被称为“苏格兰㹴”。这个时候的约克夏㹴犬并不是一种玩赏犬，而是一种专门用作驱鼠的工作犬。1870 年其正式更名为约克夏㹴犬，1872 年被承认为纯种犬，尔后传到世界各国。

被毛特征

约克夏㹴犬的被毛相当长而且十分直，总体的感觉是柔滑如丝，如少女秀发，由头颈、躯干倾泻而下，光彩夺目。被毛以棕色中搀杂着黑色毛发最为常见。

综合评价

约克夏㹴犬很容易和家里的其他小猫小狗等成员相处，也喜欢独自玩耍。它喜欢黏着主人，喜欢随时随地跟在主人的身后，更喜欢睡在主人的大腿上。另外，它是一种勇敢的小型犬，虽然个头很小，打起架来却毫不畏惧。

运动需求量	●○○○○	关爱需求度	●●●○○
可训练度	●●○○○	陌生人友善度	●●●○○
初养适应度	●○○○○	动物友善度	●●●○○
兴奋程度	●●●●◐	城市适应度	●●●●●
吠叫程度	●●●●○	耐寒程度	●●◐○○
掉毛程度	◐○○○○	耐热程度	●●●○○

体态特征

适养人群

约克夏㹴犬非常温顺、懂事，且非常通人性，容易训练，深受老年人的喜爱。管理上也并不很难，不用每天带它散步，在城市的公寓内运动足以满足它的活动量，而且不掉毛，无体味，是非常优秀的家庭伴侣犬。

83. 西施犬

Shih Tzu

别名：菊花狗 / 赛珠犬	**体型：**小型
肩高：25~27 厘米	**体重：**4~8 千克
原籍：中国	**寿命：**12~14 年
分类：伴侣犬 / 玩赏犬 / 守门犬	**参考价格：**2000~10000 元

性格特点：西施犬性格活泼，敏捷好动，喜欢与人交往，依恋性和耐受性强。它不但可以和儿童或其他动物融洽相处，甚至可以自娱自乐，或者利用玩耍玩具来吸引别人的目光。

犬种历史

西施犬起源于17世纪中叶的中国西藏，由达赖喇嘛献给大清皇帝的拉萨狮子犬与北京犬杂交培育而成。1908年，西施犬被走私运往欧洲。1930年西施犬已出现在欧洲各国。英国于1935年成立了西施犬俱乐部，再由英国引至其他欧洲国家及澳大利亚。第二次世界大战期间，美军从英国带回西施犬。英美等国先后承认西施犬为独立品种，并制定参展标准，尔后该犬频频出现在各类犬展上。

被毛特征

西施犬的被毛柔软长顺，华美丰厚，尤其是头顶的毛用饰带扎起更显尊贵。背毛长且柔软、丰厚，下毛毛质好，为直毛或波状毛。颜色多样，其中以前额有似火焰状的白斑及尾端有白毛的为佳。

毛发护理

西施犬的毛发和人一样，属于“发”而不是“毛”，所以对毛过敏的人，饲养西施犬反而不会过敏。西施犬不会换毛，但会像人类一样“掉头发”，每日少量的落发会留在身体上造成打结，因此有必要定期进行梳理美容，这样才能又干净又漂亮。

项目	评分	项目	评分
运动需求量	●○○○○	关爱需求度	●●○○○
可训练度	●●◐○○	陌生人友善度	●●●◐○
初养适应度	●○○○○	动物友善度	●●●◐○
兴奋程度	●●●●●	城市适应度	●●●●●
吠叫程度	●●●○○	耐寒程度	●●●○○
掉毛程度	◐○○○○	耐热程度	●●●○○

体态特征

适养人群

西施犬娇小聪明，依恋主人，非常驯良，既适合养在城市也适合养在农村。但需要饲主在护理方面更加细心一些，每天必须梳理、修饰被毛，防止打结，头上的长毛至少在喂食时要扎住。

84. 马尔济斯犬

Maltese

别名：马耳他犬 / 魔天仙
肩高：20~25 厘米
原籍：马耳他
分类：伴侣犬 / 守门犬 / 捕鼠犬
体型：小型
体重：2~3 千克
寿命：14~16 年
参考价格：3000~15000 元

性格特点：马尔济斯犬拥有文雅而高贵的气质，它性情可爱、热情而行动活泼，有时会搞点恶作剧，非常富有个性。尽管它体型小，但却是个勇敢的小家伙，经常表现出顽强的个性。

马尔济斯犬漂亮的外形一直深受女性喜爱

犬种历史

马尔济斯犬是有着3000多年历史的古老品种。早在公元前4世纪，马尔济斯犬便已成为罗马及希腊贵族的玩赏犬。它的祖先可能是欧洲最早的玩赏犬，亨利八世时被带入英国，便成为宫廷中不可或缺的贴心伴侣犬，这是最早可追溯到该犬被带入英国的时间。

在中世纪以前，马尔济斯犬一直是欧洲贵族们的日常伴侣犬，以后知名度也未曾减弱过。15世纪时，马尔济斯犬已在英国广泛流行起来，并成为宫廷夫人的心爱小犬。1888年，美国养犬俱乐部登记了马尔济斯犬。

被毛特征

马尔济斯犬有一身带有绢丝般光泽的长被毛。被毛均为有光泽的直毛，属单层毛，没有绒毛层，手感非常好。头部长毛可用头饰扎住或任其下垂。被毛颜色以纯白者最佳，亦可呈乳白色。有的耳朵上呈现淡柠檬色，虽无大碍，但略显不雅。

综合评价

马尔济斯犬也称魔天仙，足见其外表之雍容华贵、样貌之美丽迷人。但它显然不仅仅是漂亮的观赏犬，对陌生人还有很高的警觉性，因此也是不错的守门犬。另外，马尔济斯犬对运动的要求比较低，对儿童特别友好，具有良好的体质并且寿命较长。

运动需求量	1	关爱需求度	1.5
可训练度	2.5	陌生人友善度	1
初养适应度	1	动物友善度	2.5
兴奋程度	3.5	城市适应度	5
吠叫程度	2.5	耐寒程度	3
掉毛程度	4	耐热程度	3.5

体态特征

适养人群

马尔济斯犬外形漂亮，饲养不需要太大的空间，非常适合女士或者比较空闲的老人饲养。因为该犬需要精心照顾，例如洗澡、梳理被毛、修剪趾爪、清除污物等，都需要有一定时间，因此不适合繁忙的上班族饲养。

85. 迷你杜宾犬

Miniature Pinscher

别名： 迷你品 / 迷你杜宾	**体型：** 小型
肩高： 25~30 厘米	**体重：** 3~5 千克
原籍： 德国	**寿命：** 13~14 年
分类： 伴侣犬 / 捕鼠犬	**参考价格：** 2000~8000 元

性格特点：迷你杜宾犬聪明活泼、忠诚强壮，虽然体型小巧，却非常的勇敢，是很好的家庭犬。该犬对待陌生人具有很强的警戒心，但很听主人的话，易接受训练，而且嗅觉很灵敏，常用来追踪线索。

犬种历史

迷你杜宾犬是具有悠久历史的小型犬种，其原产地在德国。19 世纪以前，在德国的这类狗还只是默默无闻的一个品种，但在许多近代名画中，迷你杜宾犬充分展示了自己的风采。1920 年，迷你杜宾犬传入美国后，因其活泼、开朗的性格，强壮、高傲的外表，赢得了很多美国犬迷的喜爱。1929 年，美国正式成立了迷你杜宾犬俱乐部。如今，该犬已经遍及欧美各国，广受欢迎。

被毛特征

迷你杜宾犬的被毛短而平滑，且具有光泽。毛色以巧克力色、黑色、蓝色为底色，搭配黄褐色或红色斑纹，其中以黑色最为常见。

综合评价

迷你杜宾犬是充满生机的小型犬种，走路昂首挺胸，神气十足。它非常聪明，接受训练的能力很强，虽然体型小巧，却肌肉发达、相当勇敢，是很称职的守门犬。另外，它抓老鼠也很厉害。

迷你杜宾犬虽然外形上有点像杜宾犬，但与其没有遗传上的任何关系

项目	评分	项目	评分
运动需求量	2/5	关爱需求度	1.5/5
可训练度	4/5	陌生人友善度	2/5
初养适应度	1/5	动物友善度	2/5
兴奋程度	2/5	城市适应度	5/5
吠叫程度	3/5	耐寒程度	2.5/5
掉毛程度	1.5/5	耐热程度	3/5

体态特征

适养人群

迷你杜宾犬是非常好的家庭宠物犬，最大的优点是聪明，易于训练。此外，该犬属于精力旺盛的小型犬，虽然不需要很大的生活空间，却需要足够的运动量。它也是一种非常依赖人类的犬种，需要主人有足够的时间陪它。

86. 日本狆犬

Japanese Chin

别名： 日本狆

体型： 小型

肩高： 23~25 厘米

体重： 2~5 千克

原籍： 日本

寿命： 10~12 年

分类： 伴侣犬 / 守门犬

参考价格： 2000~5000 元

性格特点：日本狆犬举止端正潇洒，神态威严高傲，聪明伶俐，好奇心强，活泼机灵，富有感情，对主人忠心耿耿。它喜欢同主人进行散步、郊游、登山等户外互动，是一种有趣的家庭犬。

犬种历史

日本狆犬姿态优雅，步态轻盈有弹性

日本狆犬的祖先是中国西藏的猎鹬犬，与北京犬、巴哥犬属于同一祖先的后代。大约在唐朝时期，朝鲜皇室将中国的猎鹬犬带回朝鲜，又经朝鲜传入日本宫庭，在当地经多年的杂交繁衍，形成固定的品种。当年，日本皇室及上流社会的特权阶层非常宠爱这种小型犬。19 世纪中期，日本狆犬被陆续带入欧洲和美国。这种相貌可爱的小型犬很快受到人们的喜爱，经过育种家多年的繁育，目前分布较广。在日本，日本狆犬属于贵妇所有，在欧洲和美国，它们同样属于富人伴侣犬。

被毛特征

日本狆犬拥有一双忧郁迷人的大眼睛

日本狆犬的被毛属于单层毛，毛量丰厚，直且像丝般柔滑。其毛发属于弹性质地且竖立在身体上。总体上看，毛发较长，尤其是脖子、肩膀、胸部周围的毛发特别突出，形成浓密的鬃毛或毛领。臀部被厚厚的被毛所覆盖，尾巴毛量丰厚形成羽毛状。毛色有三种：黑白花、红白花和黑白花带褐色斑纹。

由于日本狆犬属于长毛犬种，在被毛打理方面需花上一定时间，每天最好抽出 1 个小时来梳理它们的被毛，一来防止打结，二来促进披毛的生长，使它们看起来更加美丽。

项目	评级	项目	评级
运动需求量	●○○○○	关爱需求度	●○○○○
可训练度	●●●○○	陌生人友善度	●●●○○
初养适应度	●○○○○	动物友善度	●●●○○
兴奋程度	●○○○○	城市适应度	●●●●●
吠叫程度	●◐○○○	耐寒程度	●●●◐○
掉毛程度	●●●●○	耐热程度	●●●◐○

体态特征

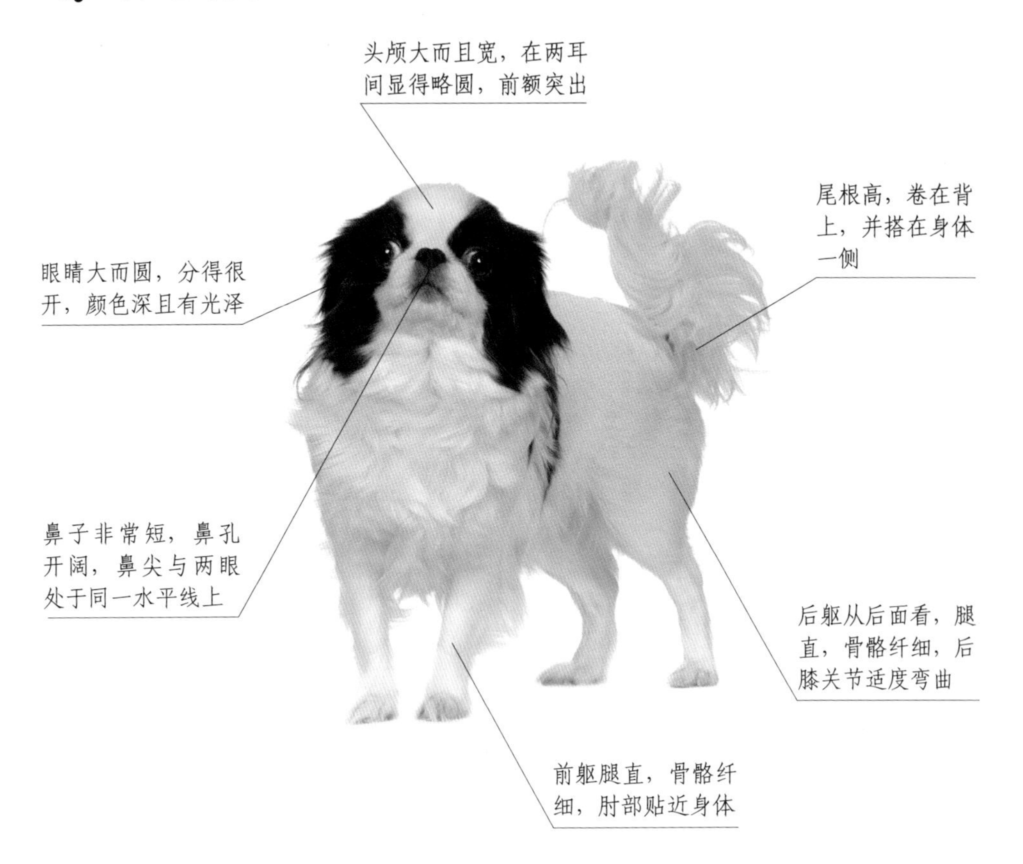

适养人群

日本狆犬是一种外观极其漂亮的家庭宠物犬，尤其受到女士的喜爱。它不需要很大的活动空间，城市公寓完全能满足它的生活需求。但该犬属于娇贵犬种，在管理上需要主人精心呵护，不适合繁忙的上班族饲养。

87. 意大利灵猩犬

Italian Greyhound

玩赏犬

别名：意大利格力犬	**体型**：小型
肩高：33~38 厘米	**体重**：3~4 千克
原籍：意大利	**寿命**：9~12 年
分类：伴侣犬 / 比赛犬 / 玩赏犬	**参考价格**：1000~8000 元

性格特点：意大利灵猩犬体型小巧玲珑，被毛亮丽，聪明驯良，善解人意，神经敏感，感情丰富，有规矩，爱护小孩，故已成为人们贴心的伴侣犬，平时亦可作为看护犬使用。

犬种历史

意大利灵猩犬与灵猩犬非常相似，但意大利灵猩犬要小很多，而且比灵猩犬更优雅、更高贵。意大利灵猩犬产于意大利，这种犬在过去是最小型猎犬，大多用它猎兔、猎野鸡，因其小巧可爱而逐渐成为家庭玩赏犬。其形体从古至今未变。

意大利灵猩犬很受欧洲贵族的喜爱，普鲁士国王弗德里克二世曾为所有死去的意大利灵猩犬建立坟墓，并且把自己也葬在意大利灵猩犬的坟墓中。著名小说家保罗·杜普莱西斯也在去世时与自己的意大利灵猩犬安葬在一起。

被毛特征

意大利灵猩犬的被毛精细而柔软，毛发短，摸上去像缎子一样光滑和柔软。除了斑点和带黄褐色斑纹属于失格外，其他任何颜色和斑纹都可以接受。

综合评价

意大利灵猩犬有一个光滑呈波状的体型和深深的胸部，以及灵活、弯曲的脊柱。它的四肢很长很强壮，驱动力强大，是名副其实的“运动健将”。同时，它又是一种比大型格力犬更精致的犬种，更适合作为家庭犬饲养。

项目	评分	项目	评分
运动需求量	3	关爱需求度	1
可训练度	3	陌生人友善度	2.5
初养适应度	1	动物友善度	3.5
兴奋程度	3	城市适应度	4
吠叫程度	1	耐寒程度	2.5
掉毛程度	1	耐热程度	3

体态特征

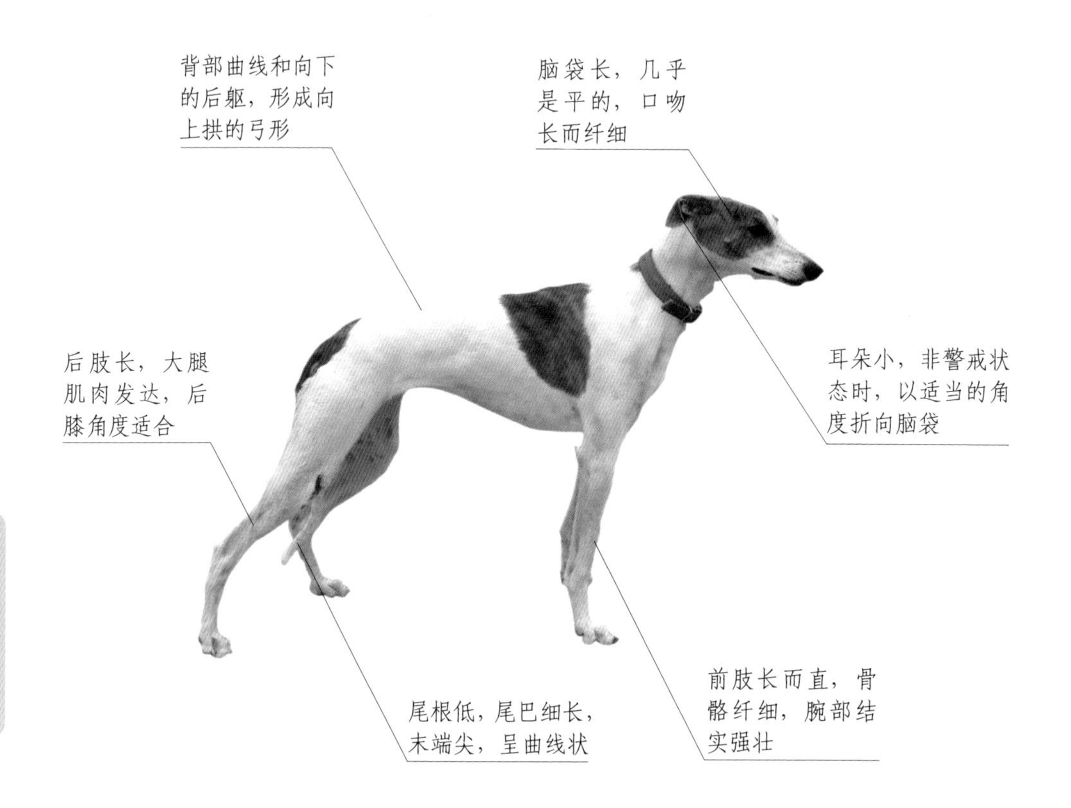

适养人群

意大利灵缇犬具有极高的运动天赋，每天必须保证足够的活动时间，否则很容易生病。饲养者在该犬种的饮食、管理及运动上必须格外用心。老年人、小孩及没有大量时间运动的人不适合饲养此犬。

88. 澳洲丝毛㹴

Silky Terrier

别名：悉尼丝毛㹴	**体型**：小型
肩高：22~23 厘米	**体重**：4~5 千克
原籍：澳大利亚	**寿命**：14~15 年
分类：伴侣犬 / 守门犬 / 㹴类犬	**参考价格**：2000~5000 元

性格特点：澳洲丝毛㹴性格开朗活泼，自我主张强烈，可爱，聪明，有时会很顽皮，工作也不上心。因此它不是为狩猎而培育的品种，而是为当作人类伴侣培育出来的，是都市居民的理想守门犬或家庭犬。

犬种历史

澳洲丝毛㹴原产于澳大利亚，是当地居民的宠物。为了让此犬同时拥有澳洲㹴与约克夏㹴最优良的特征，饲养者运用复杂的异种交配改良出现在的丝毛㹴。因为杂交于澳大利亚南部的悉尼市，故别名为悉尼丝毛㹴。

19 世纪末，澳洲丝毛㹴开始传播到世界各地。1959 年，该犬被引入美国并受到良好的发展。1960 年，美国养犬俱乐部认可该犬种为纯种犬，并进行了相关注册；1962 年评定出该犬种的各项标准，尔后传遍世界各国，深受人们的宠爱。

澳洲丝毛㹴的被毛质佳细密，光亮如丝

被毛特征

成年澳洲丝毛㹴的被毛顺着身体轮廓下垂，长度不能靠近地面。头上、后背到尾根的毛发要向两边分开。头顶的毛发形成头饰，但脸和耳朵的毛发太长则不受欢迎。尾巴上的毛发正好，但没有饰毛。

综合评价

澳洲丝毛㹴是真正的“玩具㹴”。它身材矮小，骨骼纤巧，但有足够的骨量，使其能顺利在家中捕猎老鼠。它具有㹴类犬特有的好奇天性和快乐的生活态度，这使它成为理想的家庭伴侣犬。

项目	评分	项目	评分
运动需求量	2/5	关爱需求度	1/5
可训练度	3/5	陌生人友善度	2.5/5
初养适应度	2/5	动物友善度	2.5/5
兴奋程度	2/5	城市适应度	5/5
吠叫程度	1/5	耐寒程度	3/5
掉毛程度	0.5/5	耐热程度	4/5

体态特征

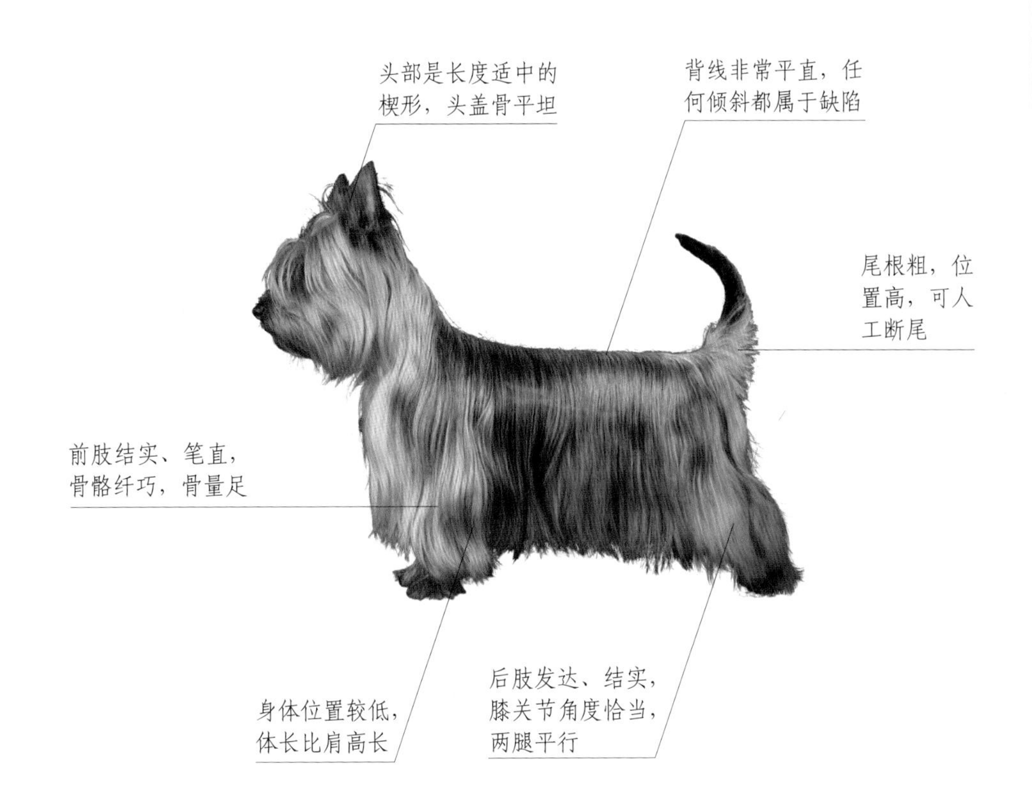

适养人群

澳州丝毛㹴是专门作为宠物犬而培养的犬种，虽然它是长毛㹴犬，但并不掉毛，也没有体味。管理方面，除了要定期洗澡、每天整理刷毛外，不需要特别美容，非常适合城市公寓饲养，尤其适合陪伴老人和孩童。

㹴类犬：精力充沛的精灵

㹴类犬的英文名称是 Terrier，这个词在拉丁文中有“土地”的意思，所以不难分析，大部分㹴类犬都是挖洞高手。除了广受欢迎的迷你雪纳瑞起源于德国之外，大多数㹴类犬都起源于英国。㹴类犬体型不算大，但都拥有勇敢、活泼的性格，以及极强的好奇心。人类利用它们的这一特征来捕杀狐狸、老鼠、臭鼬、黄鼠狼等小型动物。例如猎狐犬，从名字上就能得知，它是专门用来猎捕狐狸的，还有现在非常流行的西高地白㹴和约克夏㹴，最初也是用来捕捉老鼠的，但如今都已经成为非常受欢迎的家庭宠物犬。

89. 贝灵顿㹴

Bedlington Terrier

别名：贝德灵顿㹴　　体型：小型

肩高：38~43 厘米　　体重：8~10 千克

原籍：英国　　寿命：12~15 年

分类：㹴类犬 / 守门犬 / 捕鼠犬　　参考价格：2000~8000 元

性格特点：贝灵顿㹴勇敢，性情稳定，容易训练，是一种文雅、温柔的狗。它安静时的表情显得十分温柔，没有胆怯或神经质的倾向；兴奋时，这种狗十分警惕、充满活力和勇气。

犬种历史

贝灵顿㹴原产于英国，最初称罗丝贝林㹴，体型较大，四肢也短。19 世纪初，育种者将罗丝贝林㹴与惠比特犬、丹迪丁蒙㹴等犬种混血，改良成现在的贝灵顿㹴。贝灵顿㹴保持了原有犬种的活力及耐力，但比原犬种更漂亮，动作更敏捷。1877 年首次作为独立的品种展出，如今，它作为城市里的家庭犬得到了很好的普及。

贝灵顿㹴性格与美丽的外表极不相称，它具有很强的争斗心

被毛特征

贝灵顿㹴被毛很有特点，其软毛与硬毛相杂，从皮上自然长出，但不像金属丝那种感觉。被毛非常容易打卷，尤其是头上和面部的毛，下毛如绵羊毛状。被毛颜色主要为蓝色、绀色或淡黄棕色，伴有或不伴有茶色。

综合评价

贝灵顿㹴的外形很有个性，经过精心打扮后既帅气又可爱。不掉毛是它的一大优点，但需要专业的美容修剪。此犬外形酷似温顺的小绵羊，却有一颗狮子般勇敢的心，对于不怀善意的“敌人”，它会表现出与其美丽外表极不相称的争斗心。此外，饲养该犬必须保证足够的运动量。

运动需求量
可训练度
初养适应度
兴奋程度
吠叫程度
掉毛程度
关爱需求度
陌生人友善度
动物友善度
城市适应度
耐寒程度
耐热程度

体态特征

适养人群

贝灵顿㹴是值得推荐的家庭伴侣犬，它很适合城市生活，既能适应炎热的天气，也能适应寒冷的气候，是优秀的守门犬、忠实的家庭犬，适合大多数人饲养。但要想将该犬养得漂亮，必须要在管理和美容方面多用心。

90. 杰克罗素㹴

Jack Russell Terrier

别名： 杰克罗塞尔㹴 / 帕森㹴

体型： 小型

肩高： 25~38 厘米

体重： 6~8 千克

原籍： 英国

寿命： 12~16 年

分类： 伴侣犬 / 捕鼠犬

参考价格： 5000~10000 元

性格特点：杰克罗素㹴热情、聪明、友好，在工作中显得有谋略、勇敢、固执，在家中则爱玩耍、精力充沛而且无比温柔。最重要的是它不吵闹，顺从而不会引起混乱，是一种优秀的守门犬。

犬种历史

杰克罗素㹴是19世纪在英国南部德文郡培育的白色㹴类犬，这种㹴犬是由杰克罗素牧师培养出来的，并由此得名。杰克罗素㹴可以将狐狸从巢穴中驱赶出来并追踪，也能驱逐老鼠。虽然世界上大多数犬种俱乐部不承认杰克罗素㹴是独立品种，但该犬凭借其许多优点仍然赢得了爱犬人士的喜爱，在各种国际犬展上的出色表现也为它们赢得了极大赞誉。

被毛特征

杰克罗素㹴的被毛有平毛和粗毛两种。平毛㹴的被毛粗硬，能抵御恶劣气候，整体毛质结实、浓密，毛量丰厚，腹部和大腿下面不裸露。粗毛㹴的被毛粗硬，也能抵御恶劣气候，有短而浓密的底毛，粗硬、笔直的披毛紧密包裹着身躯和腿。

综合评价

作为一种工作㹴，杰克罗素㹴的身手敏捷、警惕、自信，体长和肩高非常平衡，有爆发力和耐久力。它的外观轮廓简洁，灵活有力的四肢让其可以轻松追捕猎物。

杰克罗素㹴的外貌并不十分出众，但却拥有出色的工作能力

项目	评分	项目	评分
运动需求量	●●●○○	关爱需求度	●●◐○○
可训练度	●●◐○○	陌生人友善度	●●◐○○
初养适应度	●●◐○○	动物友善度	●●◐○○
兴奋程度	●●●●○	城市适应度	●●●○○
吠叫程度	●○○○○	耐寒程度	●●●●○
掉毛程度	●●○○○	耐热程度	●●●●○

体态特征

适养人群

杰克罗素㹴容易兴奋，具备欢快的性格，属于优秀的守门犬。由于该犬生来精力旺盛，如不提供激烈的运动，其美丽的体型也会变形。因此不适合有老人和孩童的家庭饲养，没有充足时间的人士也不适合饲养此犬。

91. 刚毛猎狐㹴

Wire Fox Terrier

狸类犬

别名：硬毛猎狐㹴　　体型：小型

肩高：36~39 厘米　　体重：7~8 千克

原籍：英国　　寿命：15~18 年

分类：狩猎犬 / 伴侣犬　　参考价格：3000~8000 元

性格特点：刚毛猎狐㹴精力充沛、淘气、顽皮，不喜欢受控制，有很强的保护能力，必须严加训练以抑制其狩猎本能。这种犬的性格一般都比较警惕、动作迅速、热情，是非常受欢迎的家庭犬。

犬种历史

猎狐㹴属于传统的英国㹴类，是19世纪为猎狐而培育的犬种，分为刚毛和平毛两种。起初刚毛与平毛被划属为同一犬种，直至1984年才被分开。刚毛猎狐㹴除了毛皮浓密粗糙之外，在其他方面和平毛种完全相同。虽然平毛种要比刚毛种早20年出现在犬展中，但后来刚毛种的受欢迎程度超过了平毛种。这两种类型的猎狐㹴都来自英国，后来输出到世界各地。

被毛特征

刚毛猎狐㹴的被毛看起来不平整，毛发扭曲、浓密，金属丝质地。在这些刚毛底部，有一层短、细、软的毛发称为底毛。其身体侧面的毛发不如背上和腿上的毛发硬。最硬的一些毛发是“卷缩”的或略带波纹的。

猎狐㹴身上的白毛是专门为了对付狐狸而培育的。因为当㹴犬从土坑里爬出来时，往往全身满是泥土，有些不幸的㹴犬会被自己的狩猎伙伴——一些大型猎犬误认为是狐狸之类的猎物，而惨遭攻击。为了避免这种混淆，育种专家将㹴与猎狐犬配种，于是产生了白色被毛。

刚毛猎狐㹴的站立姿势极具平衡感，似乎永远在做着下一个动作的准备

项目	评级	项目	评级
运动需求量	●●●○○	关爱需求度	●○○○○
可训练度	●●●○○	陌生人友善度	●●◐○○
初养适应度	●○○○○	动物友善度	●●◐○○
兴奋程度	●○○○○	城市适应度	●●●○○
吠叫程度	●○○○○	耐寒程度	●●●●○
掉毛程度	●○○○○	耐热程度	●●●●○

体态特征

适养人群

刚毛猎狐㹴精力充沛、活泼好动，是很好的狩猎犬，也可以作为家庭看护犬，但它不喜欢受控制，甚至有些喜欢争斗，因此需要严格训练。此犬不适合老年人和繁忙的上班族饲养。

92. 平毛猎狐㹴

Smooth Fox Terrier

别名：短毛猎狐㹴	**体型**：小型
肩高：36~39 厘米	**体重**：7~8 千克
原籍：英国	**寿命**：12~15 年
分类：狩猎犬 / 伴侣犬	**参考价格**：3000~8000 元

性格特点：平毛猎狐㹴的性格一般都比较快乐、活泼、有活力。它生性聪慧，善解人意，富有幽默感，只对主人忠心，而且嫉妒心强，不喜欢主人饲养的其他犬类。此外，它在狩猎时非常威严而凶猛。

犬种历史

平毛猎狐㹴原产于英国，要比刚毛猎狐㹴早 20 年出现在犬展中，具体发展历史不详，有人说是由古代腊肠犬、英国猎狐犬及毕克犬杂交而成。此犬主要用于狩猎小动物，并追击其巢穴，能和狐狸搏斗并将其捕获。它天资聪颖，仪表端庄秀丽，所以也常用作伴侣犬。虽然平毛猎狐㹴没有刚毛猎狐㹴那么出名，但是它的特征非常容易辨认，在 1876 年确定品种标准之后，在欧洲，尤其是北欧的瑞典，很受欢迎。

被毛特征

平毛猎狐㹴的被毛柔滑、平坦、浓密而且毛量丰厚，腹部和大腿下部不能裸露。被毛颜色为白色上带有斑纹，但虎斑色、红色或肝色的斑纹不受欢迎。

综合评价

平毛猎狐㹴总体受欢迎程度不如刚毛猎狐㹴，主要是刚毛㹴的外观让人印象深刻，但在工作技能方面二者没有差别，性格方面也十分接近，只是平毛㹴比刚毛㹴稍微温和一些，智商方面也更聪明。在护理方面，平毛猎狐㹴的毛皮几乎不需要额外照料，刚毛种每年需要剪 4 次毛。

运动需求量	●●●○○	关爱需求度	●○○○○
可训练度	●●●●○	陌生人友善度	●●○○○
初养适应度	●○○○○	动物友善度	●●○○○
兴奋程度	●●●○○	城市适应度	●●●○○
吠叫程度	●○○○○	耐寒程度	●●●○○
掉毛程度	●○○○○	耐热程度	●●●●○

体态特征

适养人群

平毛猎狐㹴天性机敏活泼，加上良好的视力和灵敏的嗅觉，使它成为狩猎者的最爱犬种之一。这种犬也十分适合作为守门犬。平毛猎狐㹴饲养上比较不需要费心，所以适合大多数爱犬者饲养。

93. 凯利蓝㹴

Kerry Blue Terrier

别名：凯利兰狗 / 爱尔兰㹴　　体型：中型

肩高：43~50 厘米　　体重：15~18 千克

原籍：爱尔兰　　寿命：12~15 年

分类：狩猎犬 / 伴侣犬　　参考价格：3000~5000 元

性格特点：凯利蓝㹴性格温和、忠实、有活力，但也有顽固的个性，偶尔闹些“小情绪”。该犬警惕性很高，对陌生人和其他动物的防范意识非常强，偶尔也会袭击那些“非法”进入到它领地的动物。

犬种历史

凯利蓝㹴外表强悍，却藏着一颗温柔的心

凯利蓝㹴起源于 19 世纪，发源于爱尔兰西南部的凯里郡，以其一身典型的蓝色皮毛著称。传说凯利蓝㹴是 1588 年从遇难的西班牙无敌舰队逃出之后，漂流到爱尔兰沿海的西班牙犬系的子孙。也有人认为，凯利蓝㹴是由相当大型的爱尔兰猎狼犬血统发展出来的品种。早期的凯利蓝㹴在爱尔兰被用作斗犬、猎犬、牧羊犬和守门犬等。第一次世界大战后，美国养犬俱乐部正式认可该犬为纯种犬。

被毛特征

凯利蓝㹴拥有一身类似羊毛一样卷曲的单色被毛，柔软、浓密、弯曲。该犬成熟后，除了吻部、头部、耳朵、尾巴和脚部明显稍黑外，身体毛色从深蓝灰色到浅蓝灰色再到蓝灰色或灰蓝色。

饲养须知

典型的凯利蓝㹴站立稳妥，平衡能力强

凯利蓝㹴是一个非常聪明的犬种，而且很顽皮。虽然凯利蓝㹴的祖先来自田间或农场，但家庭饲养的凯利蓝㹴因为其身材的关系，已经不再需要太大的运动量了。或许天性使然，凯利蓝㹴十分喜爱挖掘东西，地下轻微的声音和任何奇怪的气味都会引起它强烈的好奇心，并且奋力挖掘。

运动需求量	🐾🐾🐾 (3/5)	关爱需求度	🐾🐾 (2/5)
可训练度	🐾🐾🐾 (3/5)	陌生人友善度	🐾🐾 (2/5)
初养适应度	🐾 (1/5)	动物友善度	🐾🐾 (2/5)
兴奋程度	🐾 (1/5)	城市适应度	🐾🐾🐾🐾🐾 (5/5)
吠叫程度	🐾 (1/5)	耐寒程度	🐾🐾🐾🐾🐾 (5/5)
掉毛程度	🐾 (1/5)	耐热程度	🐾🐾🐾🐾 (4/5)

体态特征

适养人群

凯利蓝㹴具有独特的秉性，比较适宜在宁静的环境中饲养，而且希望可以独自拥有主人的爱。所以，爱妒忌的它更适合单独饲养。如果从小就给它适当地训练，它会是小孩子最好的玩伴兼守护者。

94. 斯塔福斗牛㹴

Staffordshire Bull Terrier

别名：斯塔福郡斗牛㹴　　**体型**：中型

肩高：35~40 厘米　　**体重**：11~17 千克

原籍：英国　　**寿命**：12~16 年

分类：斗牛犬 / 捕鼠犬　　**参考价格**：3000~15000 元

性格特点：斯塔福斗牛㹴力气非常大，尽管肌肉非常发达，但仍然十分活泼、敏捷。现代的斯塔福斗牛㹴具有不屈不挠的品质，极度聪明和坚韧，对朋友极具感情，非常沉着，可信赖。

犬种历史

斯塔福斗牛㹴起源于英国，是由斗牛犬和马士提夫犬杂交培育而成的一种大型犬。当时，英国斗犬活动很盛行，人们用这些大型犬开展斗犬活动。后来这些大型犬和一些个体小的英国本土㹴犬祖先进行杂交，杂交的后代就是今天的斯塔福斗牛㹴。在英国政府取消斗犬活动后，斯塔福斗牛㹴逐渐被培养成良好的宠物犬及很有观赏价值的犬。

被毛特征

斯塔福斗牛㹴的被毛平滑，短而贴身，不能修剪或拔去触须。毛色为红色、淡褐色、白色、黑色、蓝色或这些颜色中的任何颜色与白色组成的颜色（虎纹色）。黑黄褐色或绀色均不符合要求。

综合评价

斯塔福斗牛㹴给人以强壮有力的印象，它的身体结构合理紧凑，属于肌肉极其发达的犬种，这种犬需要从幼犬时期进行社会化和服从化训练。尽管这种犬非常忠于主人，但还是需要有力的掌控，即使主要用来展示和作为伴侣犬，也需要格外小心，否则在有其他犬挑衅时会造成不堪设想的后果。

项目	评分	项目	评分
运动需求量	●●●○○	关爱需求度	●○○○○
可训练度	●●●◐○	陌生人友善度	●●◐○○
初养适应度	●○○○○	动物友善度	●●○○○
兴奋程度	●○○○○	城市适应度	●●●○○
吠叫程度	●○○○○	耐寒程度	●●●◐○
掉毛程度	●○○○○	耐热程度	●●●○○

体态特征

适养人群

斯塔福斗牛㹴性格顽强，拥有高度的聪慧及耐心，非工作时的安静和忠诚使它成为用途广泛的犬。但由于它是斗犬，拥有好斗的性格，饲养时一定要严加管教，不适合初级爱犬者饲养，也不太适合作伴侣犬。

95. 万能㹴

Airedale Terrier

别名：宾格利犬 / 艾里㹴

肩高：56~61 厘米

原籍：英国

分类：伴侣犬 / 警卫犬

体型：中型

体重：20~23 千克

寿命：10~12 年

参考价格：3000~8000 元

性格特点：万能㹴聪明、机敏、忠诚，接受能力强，忍耐力强，即使受伤也能完成任务。它反应灵活、服从指挥、忠诚友善，是较理想的家庭守卫犬。该犬个性很强，不宜与其他犬饲养在一起。

万能㹴拥有无畏的性格，却没有恶劣的攻击性，这使其受到许多女性饲养者的青睐

犬种历史

万能㹴属于特大型㹴类犬，名字取自其原产地约克夏郡的“Airedale”溪谷。该犬是水獭犬与黑褐㹴配种改良产生的品种，强壮且具有活力，通常用来猎水獭、山猪、雄鹿等。在德国和英国，它是最早被用作警犬的品种之一。由于该犬不会因为受伤而畏惧执行任务，常在战争中被用来送信。

被毛特征

万能㹴的被毛硬而且密，覆盖全身及腿部，整体感觉有一些卷曲或有轻度的波纹。在硬毛的底部有一些较柔软且长的或短的毛。头和耳部应为棕褐色，躯体两侧和上部应为黑色或暗灰色，在黑色中常会发现一些红色。

综合评价

万能㹴是一种强壮且具有活力的犬，水性很好，天生是游泳高手，在大型游戏节目中常有出色表演。该犬外表成熟而内心顽皮，只要允许，它能一刻不停地玩耍。早期的万能㹴还被人们驯养为牧羊犬、放哨犬，如今已成为理想的家庭伴侣犬。

运动需求量	关爱需求度
可训练度	陌生人友善度
初养适应度	动物友善度
兴奋程度	城市适应度
吠叫程度	耐寒程度
掉毛程度	耐热程度

体态特征

适养人群

万能㹴忠诚、友善，是非常值得推荐的家庭伴侣犬，但其也有较顽固的一面，饲养者必须以严格的态度来训练和关心它。万能㹴最大的优点是不脱毛，管理上相对简单。但该犬精力旺盛，每日必须坚持长距离散步，工作繁忙者不适合饲养。

96. 牛头㹴

Bull Terrier

别名： 牛㹴 / 猪头㹴	**体型：** 中型
肩高： 51~61 厘米	**体重：** 20~33 千克
原籍： 英国	**寿命：** 10~12 年
分类： 斗牛犬 / 守门犬	**参考价格：** 3000~10000 元

性格特点：牛头㹴的性情有些急躁，具有强烈的争斗性，在争斗中从不让步，甚至可能伤害到其他犬类。但对人类来说，牛头㹴的性格还是比较温顺、听话的，对主人忠诚而且服从性强，对儿童也特别和善、友好。

犬种历史

牛头㹴原产于英国。18 世纪时，育种者用牛头犬与㹴类配种产生了一种新的斗犬，后来又用这种新斗犬与英国玩具㹴配种，产生出具有凶猛性、快速敏捷的犬种，这就是最初的牛头㹴。19 世纪中期，英国犬商经过多次改良该品种后，产生了现在的平脸、强壮、四肢比祖先短小的牛头㹴。这种极具个性的牛头㹴很快受到喜欢斗牛犬人士的追捧，风靡一时。

被毛特征

牛头㹴的被毛短而平直，摸上去硬而粗糙，皮肤紧凑。颜色方面有白色牛头㹴和有色牛头㹴。最初的牛头㹴均为白色，后来发展为非白色的任何颜色或其他带有白色的花色。有色牛头㹴在除头、颈部和四肢以外的地方生有白毛则视为不足。

作为一种斗犬或者说是犬类中的斗士，牛头㹴必须强壮、敏捷、勇敢

综合评价

牛头㹴外表强壮、精悍，甚至还有些古怪，但其实它是一种很友善的犬，尤其喜欢与它很熟悉的人一起嬉戏。虽然有时候也喜欢争斗，但如果训练得当，完全可以成为优秀的家庭犬。总的来讲，牛头㹴拥有作为一种斗犬的完美特点——活泼和机敏。

项目	评分	项目	评分
运动需求量	●●◐○○	关爱需求度	●○○○○
可训练度	●●○○○	陌生人友善度	●●◐○○
初养适应度	●○○○○	动物友善度	●◐○○○
兴奋程度	●○○○○	城市适应度	●●●○○
吠叫程度	●○○○○	耐寒程度	●●●◐○
掉毛程度	●●●○○	耐热程度	●●●◐○

体态特征

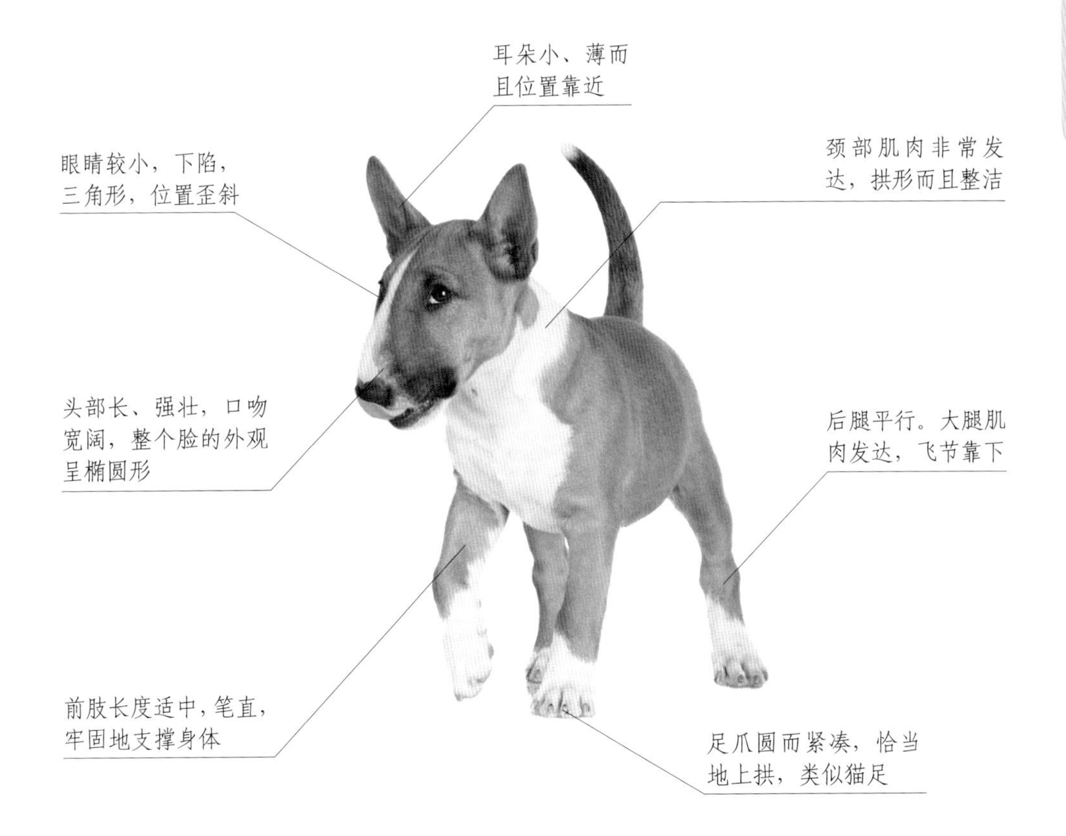

适养人群

牛头㹴经过长期培育，原始的凶猛性格已经变得温和。但它还是有比较鲜明的缺点，如支配意识强、有时略显粗野、破坏力大、有很强的攻击性。主人必须具有耐心、决心和坚强的意志。因此有老人和儿童的家庭不适合饲养此犬。

97. 迷你雪纳瑞

Miniature Schnauzer

别名：迷你雪 / 茨威格雪纳瑞

体型：小型

肩高：30~35 厘米

体重：6~8 千克

原籍：德国

寿命：12~15 年

分类：伴侣犬 / 捕鼠犬

参考价格：1000~3000 元

性格特点：迷你雪纳瑞身材虽小，但体格强健，精力充沛。它很友好，乐于取悦主人，非常顺从而愿意服从命令。迷你雪纳瑞能与儿童和大部分宠物融洽相处，非常合适与儿童一起成长。

犬种历史

迷你雪纳瑞起源于15世纪的德国，是唯一在㹴类犬中不含英国血统的品种。在德国，迷你雪纳瑞还被称为茨威格雪纳瑞，多数人认为它是由普通雪纳瑞犬和小型犬杂交得到。此外，有资料表明，迷你雪纳瑞有博美犬、猎狐㹴和苏格兰㹴的血统。1899年该犬被正式承认为纯种犬，1905年引入美国，1925年成立雪纳瑞犬俱乐部。在美国和加拿大，迷你雪纳瑞曾经是最普及的犬。

迷你雪纳瑞身形娇小，但却是矫健的捕鼠者

被毛特征

迷你雪纳瑞拥有双层被毛：坚硬的外层刚毛和浓密的底毛。总体来讲，被毛质感相当浓密，但不呈丝质。迷你雪纳瑞获得认可的颜色有椒盐色、黑银色及纯黑色。不论什么颜色，皮肤的色素沉积都必须均匀。

迷你雪纳瑞精力充沛，特别喜欢玩耍

饲养须知

迷你雪纳瑞喜欢人类要甚于喜欢同类，这不仅是由于人类能照顾它，给它吃住，还因为它希望能与主人建立起真正的感情。它有很强的嫉妒心，当主人把精力放在新来的狗身上，忽略了对它的照顾时，它就会气愤，不遵守已养成的生活习惯，变得急躁和具有破坏性。

项目	评级	项目	评级
运动需求量	●●◐○○	关爱需求度	●○○○○
可训练度	●●◐○○	陌生人友善度	●●◐○○
初养适应度	●○○○○	动物友善度	●●◐○○
兴奋程度	●○○○○	城市适应度	●●●●●
吠叫程度	●○○○○	耐寒程度	●●●○○
掉毛程度	◐○○○○	耐热程度	●●◐○○

体态特征

适养人群

迷你雪纳瑞活泼好动，比较黏人，需要主人每天带到户外活动。此犬需要定期美容，每天应梳理被毛，春秋季节应修剪被毛，因此适合有固定时间遛狗和有一定经济能力的人饲养。此犬体型较小，比较适合公寓饲养。

98. 软毛麦色㹴

Soft Coated Wheaten Terrier

别名：爱尔兰软毛㹴

体型：中型

肩高：43~49 厘米

体重：13~19 千克

原籍：爱尔兰

寿命：13~14 年

分类：狩猎犬 / 伴侣犬

参考价格：3000~5000 元

性格特点：软毛麦色㹴是快乐、坚定的狗，显得自得其乐和自信。它快乐、稳重、表情欢愉而自豪，对周围的环境感兴趣。与其他㹴类犬比较，此犬显得攻击性弱一些。

犬种历史

软毛麦色㹴原产于爱尔兰，是爱尔兰最古老的㹴犬之一。它擅长猎取水獭和獾等动物。早期培养这些犬的主要目的是工作。由于其柔软的麦色被毛遍布全身，软毛麦色㹴的名称便由此而来。1937 年，软毛麦色㹴在爱尔兰养犬俱乐部锦标赛中初次登场，并取得优秀的成绩。1973 年，软毛麦色㹴得到美国养犬俱乐部承认并注册。

被毛特征

软毛麦色㹴的被毛呈深浅程度不同的小麦色，覆盖整个身躯、腿和头部。其质地柔软、丝质且带有柔和的波浪。除了耳朵和口吻偶尔出现蓝灰色外，其他地方必须是小麦色。幼犬可能出现较深的颜色，但是到了两岁以后，小麦色就应该很明显了。

综合评价

软毛麦色㹴是一种快乐的犬。它的气质优雅、身体结实而且协调性好。该犬种的身形构造和表现非常适中，而且本性温和，不喜欢争斗，除非受到怂恿。总体来说，这是一种中等大小、身体强壮、匀称协调的狩猎犬。

项目	评分	项目	评分
运动需求量	2	关爱需求度	1.5
可训练度	2.5	陌生人友善度	2
初养适应度	1.5	动物友善度	3
兴奋程度	2	城市适应度	4
吠叫程度	2	耐寒程度	3.5
掉毛程度	0.5	耐热程度	2.5

体态特征

适养人群

软毛麦色㹴在㹴类犬中体型相对较大，但它的性格非常温和，既不过分胆怯又没有强烈的斗争性，能适应城市生活，是值得推荐的家庭伴侣犬。管理方面，主人要经常为其洗澡和梳理被毛，以防被毛打结、染垢。

99. 西高地白㹴

West Highland White Terrier

别名：西高 / 西部高地	**体型**：小型
肩高：25~30 厘米	**体重**：7~10 千克
原籍：英国	**寿命**：13~15 年
分类：伴侣犬 / 捕鼠犬	**参考价格**：1000~5000 元

性格特点：西高地白㹴体质强健、性格温和、活泼好动、有耐力，能长时间、长距离地随人或车奔跑。它的性格活跃，自信心强，极富感情，对主人非常忠诚，是令人愉悦的家庭宠物犬。

西高地白㹴是一种活泼又聪明的狗，好好调教之后会变得很乖很听话

犬种历史

西高地白㹴是来自苏格兰西部高地的纯白色㹴类，起源于 19 世纪。这种犬最初的名字叫波多罗克㹴，主要用途是捕猎水獭、狐狸和老鼠。19 世纪时，在著名饲养者亚盖尔公爵的旦巴顿郡领地上，马尔科姆上校对此犬进行了 60 多年的培育工作，将该犬与白毛犬进行交配，固定了今日我们所熟知的容貌。

饲养须知

西高地白㹴虽然体型不大，却很喜欢运动，主人必须经常带它到户外活动，保证其一定的运动量。由于该犬的被毛洁白漂亮，故每天都必须进行梳理。但不能太频繁洗澡，以防止毛脂失落而影响被毛亮丽。

综合评价

西高地白㹴是一种小型的㹴类犬，其外观小巧玲珑，模样可爱，具有良好的艺术气质，是电影里经常上镜的配角。它有着㹴类犬特有的倔强脾气，需要主人严格、耐心地训练，才能成为乖巧、懂事、人见人爱的家庭宠物犬。

项目	评分	项目	评分
运动需求量	●●○○○	关爱需求度	●●●◐○
可训练度	●●●◐○	陌生人友善度	●●○○○
初养适应度	●○○○○	动物友善度	●●○○○
兴奋程度	●●●◐○	城市适应度	●●●●●
吠叫程度	●●●◐○	耐寒程度	●●●○○
掉毛程度	◐○○○○	耐热程度	●●●○○

体态特征

适养人群

西高地白㹴拥有一个合格宠物犬特有的漂亮外观和可人气质。它们习惯城市公寓内的生活，是值得推荐的家庭犬。该犬兴奋度高，喜欢玩耍，饲养时必须经常带到户外进行活动，保证其一定的运动量。